# essentials

Springer Essentials sind innovative Bücher, die das Wissen von Springer DE in kompaktester Form anhand kleiner, komprimierter Wissensbausteine zur Darstellung bringen. Damit sind sie besonders für die Nutzung auf modernen Tablet-PCs und eBook-Readern geeignet. In der Reihe erscheinen sowohl Originalarbeiten wie auch aktualisierte und hinsichtlich der Textmenge genauestens konzentrierte Bearbeitungen von Texten, die in maßgeblichen, allerdings auch wesentlich umfangreicheren Werken des Springer Verlags an anderer Stelle erscheinen. Die Leser bekommen „self-contained knowledge" in destillierter Form: Die Essenz dessen, worauf es als „State-of-the-Art" in der Praxis und/oder aktueller Fachdiskussion ankommt.

Maria Mulisch

# Verfahren der Immunlokalisation

## Ein Überblick

Springer Spektrum

Maria Mulisch
Christian-Albrechts-Universität zu Kiel
Deutschland

ISSN 2197-6708 ISSN 2197-6716 (electronic)
ISBN 978-3-658-03828-1 ISBN 978-3-658-03829-8 (eBook)
DOI 10.1007/978-3-658-03829-8

Die Deutsche Nationalbibliothek verzeichnet diese Publikation in der Deutschen National-
bibliografie; detaillierte bibliografische Daten sind im Internet über http://dnb.d-nb.de ab-
rufbar.

Springer Spektrum



Springer Spektrum ist eine Marke von Springer DE. Springer DE ist Teil der Fachverlagsgrup-
pe Springer Science+Business Media
www.springer-spektrum.de

# Vorwort

Dieses Werk basiert auf dem Kapitel „Immunlokalisation" aus dem „Romeis –
Mikroskopische Technik", herausgegeben von Ulrich Welsch und Maria Mulisch,
18. Auflage 2010. Der ROMEIS ist seit fast 100 Jahren das Standardwerk der mikro-
skopischen Technik. Über 17 Auflagen hat dieses Laborhandbuch die Entwicklung
der lichtmikroskopischen Verfahren begleitet und ist bis heute ein unverzichtbares
Nachschlagewerk für Naturwissenschaftler, Mediziner und Studenten. Die 18. Auflage des ROMEIS wurde komplett neu verfasst, farbig illustriert und um moderne
Techniken und Anwendungen der Licht- und Elektronenmikroskopie erweitert.
Das Kapitel über Methoden der Immunlokalisation wurde gestrafft und um einige
Rezepte und Abbildungen im Originalwerk gekürzt, um Anfängern einen einfa-
chen und übersichtlichen Einstieg in die Thematik zu ermöglichen.

# Inhaltsverzeichnis

# Einleitung 1

Der spezifische Nachweis von Makromolekülen (Proteine, Polysaccharide, Lipide, Nukleinsäuren etc.) in Zellen und Geweben mit Hilfe von Antikörpern ist von zentraler Bedeutung für die Forschung und Anwendung in Medizin und Biologie. Die Immunhistologie ist heute ein wesentliches Werkzeug für die Pathologie und medizinische Diagnostik, zum Beispiel zur Identifikation und Untersuchung von Tumoren. Entwicklungsbiologen erforschen mit ihrer Hilfe die zeitlich-räumliche Verteilung von Proteinen bei Wachstum und Differenzierung von pflanzlichen und tierischen Geweben, um die Evolution und Steuerung von Entwicklungsprozessen zu verstehen. Durch die Immunzytochemie können Antigene sehr genau und spezifisch innerhalb einer Zelle lokalisiert werden (Abb. 1.1).

Damit dient sie zum Beispiel Zellbiologen zur Analyse der Expression bestimmter Gene oder der Wechselwirkungen zwischen Makromolekülen in der Zelle.

M. Mulisch, *Verfahren der Immunlokalisation*, essentials,     1
DOI 10.1007/978-3-658-03829-8_1, © Springer Fachmedien Wiesbaden 2014

**Abb. 1.1**  3-Kanal-Konfokalbild (Leica SP5) von Xenopus laevis XC 177-Zellen. Chromosomen (*blau*, DAPI), Nucleoporin (*grün*, indirekte Immunmarkierung mit Alexa 488 gekoppeltem Sekundärantikörper), Kinetochore (*rot*, indirekte Immunmarkierung mit Alexa 546 gekoppeltem Sekundärantikörper. Präparat: Cerstin Franz und Dr. Ian Mattaj, EMBL Heidelberg. Aufnahme: Ulf Schwarz, Leica Microsystems

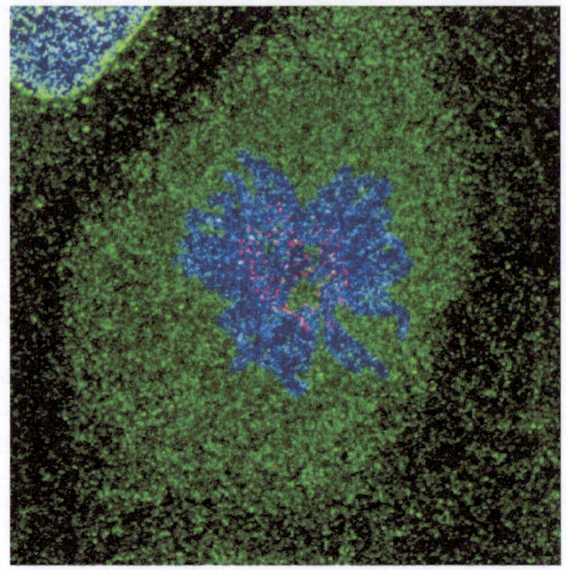

# Antikörper 2

## 2.1 Grundlagen

Antikörper sind Glykoproteine, die von Wirbeltieren gebildet werden, um den Organismus vor eingedrungenen, körperfremden Substanzen zu schützen. Die fremde Substanz bindet an Rezeptoren auf der Oberfläche von reifen B-Zellen im Blutplasma und regt sie zur Teilung an. Die Plasmazellen sezernieren Antikörper, die unter Anderem Viren inaktivieren, Bakterientoxine neutralisieren, fremde Zellen miteinander verkleben oder zu ihrer Zerstörung führen.

Eine Substanz, die das Immunsystem erkennt, wird als Antigen bezeichnet; löst sie eine Immunantwort aus, nennt man sie Immunogen. Ob eine Substanz eine Immunantwort auslöst und zur Produktion von Antikörpern führt, hängt zum Einen von der Substanz, zum Anderen von der Tierart ab, in die die Substanz gelangt. Die meisten Antigene sind Proteine, Glykoproteine, Lipoproteine oder große Polysaccharide mit einem Molekulargewicht größer als 10.000 Da. Niedermolekulare Stoffe, die für sich keine Immunantwort auslösen (= Haptene), können durch Kopplung an einen höhermolekularen Träger immunogen werden. Es werden dann Antikörper gegen den Träger und auch gegen das Hapten gebildet. In ähnlicher Weise kann man durch Zugabe eines Immunogens Antikörper gegen eine nicht immunogene Substanz erhalten.

Den Bereich eines Antigens, an den ein Antikörper spezifisch bindet, nennt man Epitop. Die meisten Antigene haben viele verschiedene Epitope und können entsprechend unterschiedliche Antikörper binden. Die Bindungsstärke zwischen einem Epitop und einer Bindungsstelle eines Antikörpers bezeichnet man als Affinität.

Antikörper gehören zur Proteinfamilie der Immunglobuline (Ig). Sie sind aus jeweils zwei identischen schweren und zwei leichten Polypeptidketten zusammengesetzt, die über Disulfidbrücken miteinander verknüpft sind. Jede Kette besteht aus einer variablen (V-) und einer konstanten (C-)Region.

M. Mulisch, *Verfahren der Immunlokalisation*, essentials,  
DOI 10.1007/978-3-658-03829-8_2, © Springer Fachmedien Wiesbaden 2014

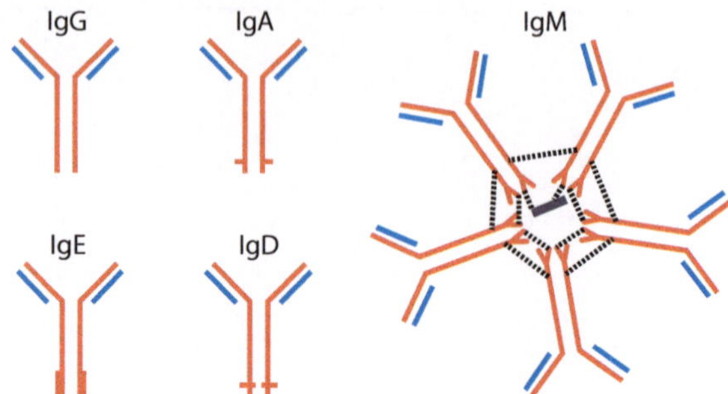


**Abb. 2.1** Ig-Klassen, schematisch. Die Unterschiede betreffen die schweren Ketten (orange). IgG: Gamma-Immunglobulin, IgA: Alpha-Immunglobulin, IgE: Epsilon-Immunglobulin, IgD: Delta-Immunglobulin, IgM: My-Immunglobulin (schwarz: *joining*-Peptid, gepunktet: Disulfidbrücken)

Die fünf Klassen: IgG, IgA, IgM, IgD, IgE (Abb. 2.1) unterscheiden hinsichtlich Größe, Molekulargewicht, Struktur und Funktion.

Die IgG- und IgM-Klassen der Immunglobulin-Moleküle sind besonders geeignet für die Immunmarkierung. IgGs sind wie ein Y geformt; IgM-Moleküle bestehen aus jeweils 5 IgG-ähnlichen Molekülen, die durch ein *joining*-Peptid und Disulfidbrücken miteinander verbunden sind (Abb. 2). Die zwei kurzen Arme des Y tragen die variablen Regionen, in denen jeweils eine Antigenbindungsstelle liegt. Am Aufbau der Antigenbindungsstelle sind die variablen Regionen der schweren und der leichten Kette beteiligt, wobei die eigentliche Bindungsstelle oftmals nur aus wenigen Aminosäuren besteht, den sogenannten hypervariablen Regionen. Jeweils ein IgG-Molekül ist spezifisch für ein Epitop. Durch Verdau mit den Proteasen Papain oder Pepsin kann das Ig in unterschiedliche Fragmente zerlegt werden (Abb. 2.2): in zwei zusammenhängende kurze Arme, die F(ab)$_2$-Fraktion (Fab = *antibody binding fraction*), in einzelne kurze Arme (Fab) und in die Fc-Fraktion (*cristalline fraction* oder *constant fraction*), die aus dem langen Arm besteht. Fab- und F(ab)$_2$-Fragmente werden in der Immunmarkierung häufig an Stelle ganzer Antikörper verwendet. Durch ihre geringe Größe können sie leichter eindringen und in dichterer Packung binden. Darüber hinaus werden unspezifische Bindungen vermindert.

Der Fc-Teil ist in allen IgG-Molekülen einer Unterklasse jeweils bei einer Tierart gleich und trägt eine immunogene Sequenz auf jeder seiner zwei identischen Aminosäureketten. Wenn ein Tier mit IgG einer anderen Tierart immunisiert wird, entwickelt es Antikörper, die überwiegend an den Fc-Anteil des fremden IgG-Moleküls binden. Dadurch wird es möglich, die Bindung eines Antikörpers an das Antigen über einen zweiten Schritt (mit Hilfe eines gegen den Antikörper gerichteten und markierten Antikörpers) verstärkt sichtbar zu machen (indirekte Immunmarkierung).

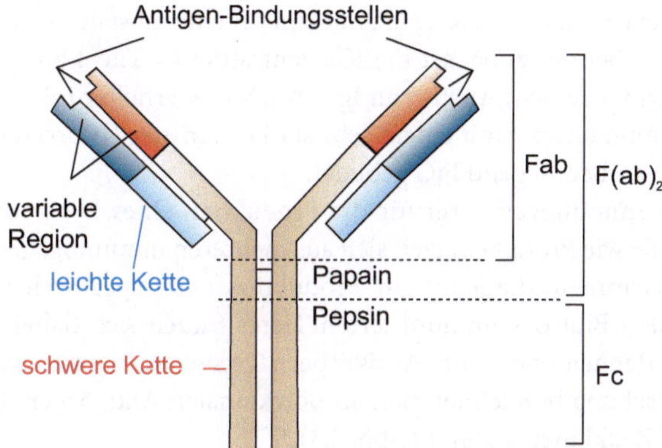


**Abb. 2.2** Schema eines IgG-Moleküls. Die variablen Regionen der leichten und der schweren Kette bilden jeweils eine Antigenbindungsstelle. Durch Verdauung mit Papain werden 2 Fab-Fragmente, mit Pepsin wird ein F(ab)₂-Fragment freigesetzt

## 2.2  Bezug von Antikörpern

Forschungseinrichtungen, die eine Vielzahl verschiedener spezifischer Antikörper benötigen und über entsprechende Tierzuchten, -ställe und Fachpersonal verfügen, stellen die benötigten Antikörper häufig selbst her. Da für die Immunisierung nur standardisierte Zuchten und gesunde Tiere (ohne einen hohen Gehalt an bereits vorhandenen Antikörpern im Serum) verwendet werden sollten, ist der Aufwand erheblich. Für viele Anwender in Forschung und medizinischer Diagnostik ist die breite Auswahl an Produkten von kommerziellen Anbietern ausreichend. Die Suche nach einem passenden Antikörper wird durch das Internet, zum Beispiel den „Antibody Explorer", sehr vereinfacht. Antikörper, die nicht im Handel erhältlich sind, kann man von Firmen herstellen lassen; für diese Dienstleistung gibt es ebenfalls viele Anbieter. Diese geben auch Hilfestellung bei der Auswahl, Isolierung und Aufreinigung des Immunogens.

### 2.2.1  Polyklonale und monoklonale Antikörper

Für die Herstellung von Antikörpern wird die später nachzuweisende Substanz (z. B. ein Protein) in ein Tier (zumeist Maus oder Kaninchen) injiziert. Wirkt die Substanz als Immunogen, regt sie die reifen B-Zellen des Immunsystems an, jeweils einen Zellklon zu produzieren, der Immunglobuline in das Blut sezerniert.

Nach dem ersten Kontakt des Körpers mit einer Fremdsubstanz erfolgt die primäre Immunantwort, bei der zunächst die Konzentration (= Titer) an IgM im Plasma ansteigt, gefolgt von einem Anstieg an IgG. Nach wiederholter Injektion erfolgt die sekundäre Immunantwort mit einem sehr starken Anstieg (*boost*) des Antikörpertiters; es werden überwiegend IgG gebildet.

Jeweils ein Immunogen sorgt für die Produktion eines Typs von Antikörper. Große Moleküle wie Proteine setzen sich aus mehreren immunogenen Abschnitten (Epitopen) zusammen, die jeder zur Produktion eines spezifischen Antikörpers anregen. In dem Blut des immunisierten Tieres finden sich daher entsprechend verschiedene Populationen von Antikörpern gegen die injizierte Substanz. Die Antikörpermischung bezeichnet man als polyklonalen Antikörper, da sie von verschiedenen B-Zellklonen stammt (Abb. 2.3).

- Polyklonale Antikörper werden für die Immunhistochemie an fixiertem und eingebettetem Gewebe bevorzugt eingesetzt, da mehr Antikörper an ein Antigen binden, so dass eine stärkere Markierung resultiert. Sie reagieren toleranter auf kleine Änderungen der Epitope, wie sie zum Beispiel durch leichte Denaturierung (Fixierung, Entwässerung, höhere Temperaturen) auftreten. Auf der anderen Seite führen sie zu unerwünschten „Kreuzreaktionen", wenn ähnliche Epitope bei verschiedenen Antigenen im Präparat vorhanden sind. Dies sollte man schon bei der Auswahl des Immunogens berücksichtigen.

Um einen Antikörper zu erhalten, der nur ein bestimmtes Epitop erkennt, lässt man ihn von nur einem Zellklon produzieren. Zur Herstellung monoklonaler Antikörper (Abb. 2.4) entnimmt man die Milz eines immunisierten Tieres (meistens Maus) mit antikörperproduzierenden Plasmazellen und bringt sie mit Tumorzellen (Myeloma) der gleichen Tierart zusammen. Durch künstliche Verschmelzung entstehen unsterbliche, antikörperproduzierende Hybridomazellen. Sie werden isoliert, vereinzelt, kultiviert und auf Antikörperproduktion getestet. Man erhält schließlich Klone, die jeweils nur einen Typ von Antikörper bilden, der für ein einziges Epitop spezifisch ist. Diese Klone kann man in der Zellkultur oder in Tieren beliebig vermehren, so dass die Antikörper in praktisch unbegrenzter Menge zur Verfügung stehen.

- Der Vorteil monoklonaler Antikörper für die Immunmarkierung ist ihre hohe Spezifität. Die Markierungen sind normalerweise sehr eindeutig mit wenig Hintergrund. Bei gleichen Versuchsbedingungen ergeben sie in der Anwendung identische Ergebnisse. Da monoklonale Antikörper jedoch nur jeweils ein bestimmtes Epitop erkennen, binden sie in geringerer Zahl an ein Antigen als

**Abb. 2.3** Herstellung polyklonaler Antikörper. Das
Antigen (aus verschiedenen
Epitopen zusammengesetzt)
wird in ein Tier (zumeist
Kaninchen) injiziert. Das
Tier bildet Antikörper, die
mit dem Blut entnommen
werden. Die Antikörpermi-
schung bindet an verschiedene Epitope des Antigens

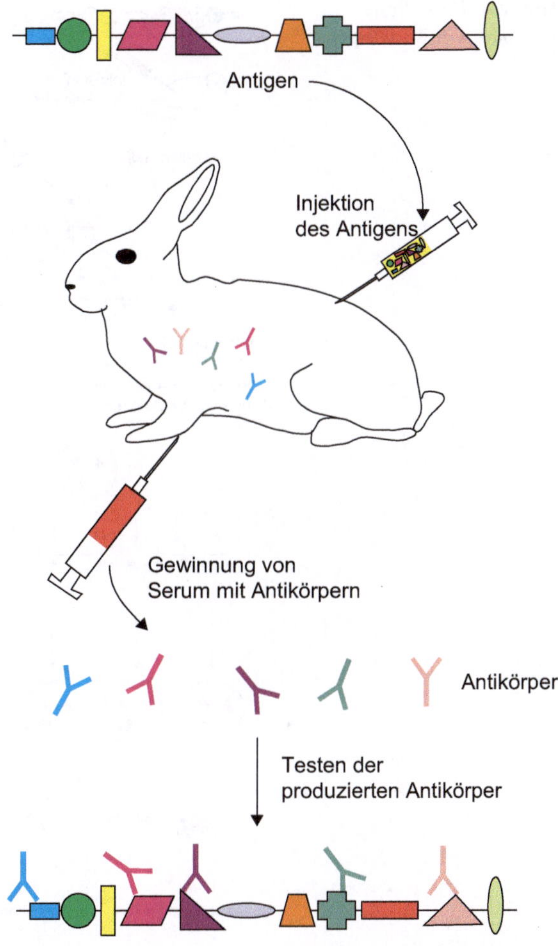


polyklonale Antikörper, so dass die Markierung insgesamt schwächer ausfällt.
Dies kann man über Verstärkungstechniken ausgleichen. Häufiger als bei poly-
klonalen Antikörpern ergibt die Immunmarkierung mit einem monoklonalen
Antikörper überhaupt kein Signal, z. B. dann, wenn sich das Epitop durch die
Präparation leicht verändert hat. Daher kann es sinnvoll sein, für Immunmar-
kierungen mikroskopischer Präparate ein Gemisch aus mehreren monoklona-
len Antikörpern einzusetzen, von denen jeder spezifisch ist für ein Epitop des
Immunogens.

**Abb. 2.4** Herstellung monoklonaler Antikörper

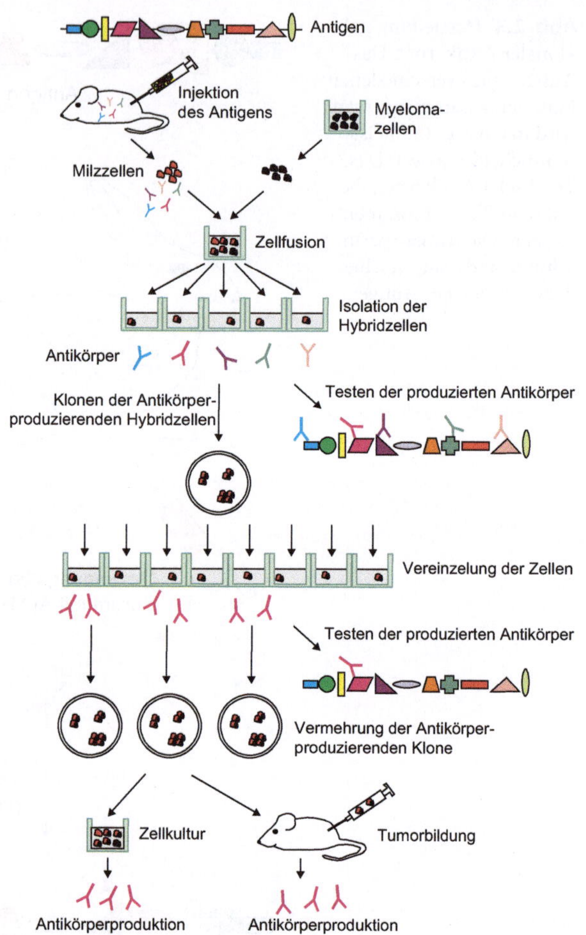

## 2.2.2   Peptidantikörper

Wenn es nicht möglich ist, zur Antikörperherstellung ein vollständiges Protein zu isolieren oder zu produzieren, kann ein Antikörper gegen ein synthetisches Peptid erzeugt werden. Hierzu wird aus Proteindatenbanken ein Abschnitt des Proteins von ca. 15–20 Aminosäuren ausgewählt. Aminosäuresequenz und Lage des Abschnitts entscheiden über die Qualität (Spezifität, Affinität) des Antikörpers. Die Peptidsynthese und Antikörpergewinnung wird auch als Auftragsarbeit von darauf spezialisierten Firmen durchgeführt.

Antikörper gegen Peptide unterscheiden sich von Antikörpern gegen ein vollständiges Protein:

- Die Spezifität ist ähnlich hoch wie die monoklonaler Antikörper.
- Die Affinität ist meist geringer als die polyklonaler Antikörper gegen das vollständige Protein.
- Die Immunisierung mit synthetischen Peptiden liefert Antikörper, die ausschließlich lineare Epitope erkennen können.

Bei Immunmarkierungen mit ungereinigten Anti-Peptid-Antikörpern können falsch-positive Signale auftreten, die auf Antikörper zurückzuführen sind, die nicht gegen das Peptid sondern gegen ein Trägermolekül gerichtet sind. Das Trägermolekül (z. B. BSA) wird vor der Immunisierung an das Peptid gekoppelt, um es immunogen zu machen. Der Anteil an Antikörpern gegen das Trägermolekül im Serum kann mehr als 10 % betragen. Ein gegen ein Peptid gerichteter Antikörper sollte daher immer affinitätsgereinigt werden.

## 2.2.3   Nanobodies

Im Blut von Kamelen (Hamers et al. 1993) und Haien (Greenberg et al. 1995) entdeckte man Antikörper, die nur aus zwei schweren Peptidketten bestehen, die darüber hinaus noch besonders kurz sind. Dennoch können diese Antikörper Antigene binden. Aus diesen Antikörpern entwickelte man noch kleinere Antikörper, die nur noch aus einer einzigen variablen Domäne bestehen (*single-domain antibodies*) (Nicholis 2007). Diese Antikörper (von der Entwicklerfirma Ablynx „*Nanobodies*" genannt) werden insbesondere für pharmazeutische Anwendungen erforscht.

Besonders kleine Antikörper sind jedoch auch für Immunmarkierungen zu zellbiologischen oder diagnostischen Zwecken interessant, da sie leichter in Gewebe und Zellen eindringen und in dichterer Packung binden können. Kürzlich gelang es, *single-domain antibodies* mit Quantum Dots zu verbinden, und damit sehr kleine Detektionsmoleküle zu entwickeln (Sukhanova et al. 2012).

## 2.3  Reinigung von Antikörpern

Antikörper werden in unterschiedlichen Reinheitsgraden geliefert: als Serum bzw. Antiserum oder gereinigt nach verschiedenen Verfahren.

Serum bzw. Antiserum bezeichnet das rohe Blutserum – ohne Gerinnungsfaktoren und Erythrocyten – des immunisierten Tieres. Es enthält noch Immunglobuline aller Klassen sowie andere Serumproteine. Da jedes Tier eine Reihe spontan entstandener Antikörper besitzt, sind im Serum neben polyklonalen Antikörpern gegen das Zielantigen Antikörper gegen andere Antigene vorhanden, die bei einer Immunmarkierung unspezifisch binden können. Insbesondere für die Immunzytochemie sollte das rohe Antiserum vor der Anwendung von unerwünschten Proteinen gereinigt und die spezifisch bindende Fraktion angereichert werden.

Protein A aus *Staphylococcus aureus* und Protein G aus *Streptococcus* haben eine hohe Affinität zur Fc-Region von Antikörpern. Gekoppelt an Agarose-Beads werden sie in Säulen zur Reinigung und Konzentration polyklonaler Antikörper eingesetzt. Durch die Aufreinigung des Serums mit Hilfe von Protein A- oder Protein G-Säulen werden die meisten Serumproteine, nicht aber die unspezifisch bindenden Immunglobuline aus dem Rohserums entfernt. Um eine vollständige Reinigung zu erreichen, verwendet man die Affinitätsreinigung mit Hilfe des Immunogens. Derart affinitätsgereinigte polyklonale Antikörper binden hoch spezifisch und dicht und sind daher insbesondere für Immunogoldmarkierungen in der Elektronenmikroskopie zu empfehlen. Detaillierte Rezepte zur Affinitätsreinigung erhält man bei den meisten Anbietern von Matrixmaterialien (z. B. Sigma, Pharmacia).

Monoklonale Antikörper werden von Zellkulturen abgegeben und dann als Hybridomaüberstand (*hybridoma supernatant*) abgesammelt. Alternativ werden die antikörperproduzierenden Zellen in Mäusen oder Ratten kultiviert, und die Antikörper liegen dann in der relativ unsauberen Ascites-Flüssigkeit (*ascites fluid*) vor. Hieraus sollten sie vor der Anwendung affinitätsgereinigt werden, entweder über Protein A-/G-Säulen oder über die spezifischere Affinitätschromatografie mit Hilfe des Immunogens (Hermanson et al. 1992).

Um die Antikörperkonzentration in aufgereinigten Fraktionen zu bestimmen, sollten Standard-Protein-Assays angewendet werden, bevor stabilisierende Proteine wie BSA (Rinderserumalbumin) zugesetzt werden.

Die Bindung von Antikörpern an Antigene in Zellen und Geweben kann durch verschiedene Techniken sichtbar gemacht werden. Welche Technik anzuwenden ist, um ein jeweils optimales Ergebnis zu erhalten, hängt von verschiedenen Parametern ab (zum Beispiel Präparationstechnik, Gewebe, Antigenkonzentration, Fragestellung etc.).

## 3.1  Direkte und indirekte Immunmarkierung

Die direkte Immunmarkierung (Abb. 3.1) ist eine Einschrittmethode: Der Antikörper gegen das zu lokalisierende Antigen ist direkt mit einer Substanz (= Marker) gekoppelt, die im Licht- oder Elektronenmikroskop sichtbar ist (z. B. Fluorochrom, Gold) oder über eine Farbreaktion sichtbar gemacht werden kann (z. B. Enzym).

Bei der indirekten Immunmarkierung (Abb. 3.1) ist nicht der Primärantikörper gegen das zu lokalisierende Antigen markiert, sondern ein Sekundärantikörper, der an den Primärantikörper bindet. Der Sekundärantikörper wird in einem anderen Tier gegen IgG des Tieres hergestellt, das den Primärantikörper produziert hat, und bindet an die Fc-Region des Primärantikörpers. Wenn zum Beispiel der Primärantikörper in einem Kaninchen produziert wurde, wird als Sekundärantikörper ein Anti-Kaninchen IgG-Antikörper verwendet, der aus einer Ziege oder einem Schaf stammen könnte.

Vorteile der direkten Methode

- Einfachere und schnellere Durchführung der Immunmarkierung
- Weniger unspezifische Signale und weniger Hintergrundmarkierung
- Für Mehrfachmarkierungen können mehrere Primärantikörper des gleichen Isotyps oder aus der gleichen Tierart in einem Experiment eingesetzt werden.

M. Mulisch, *Verfahren der Immunlokalisation*, essentials,          11
DOI 10.1007/978-3-658-03829-8_3, © Springer Fachmedien Wiesbaden 2014

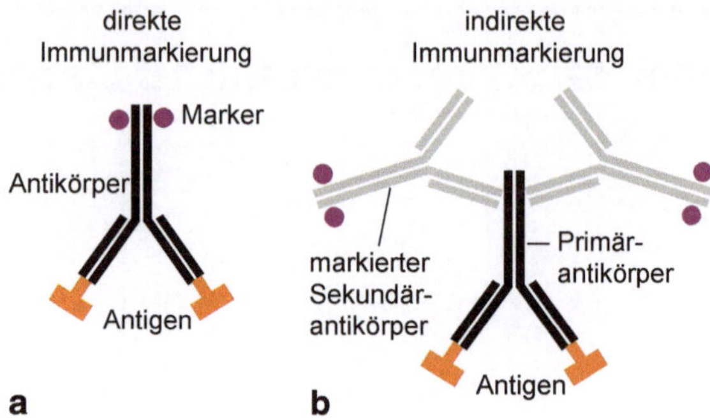



**Abb. 3.1** Direkte (**a**) und indirekte Immunmarkierung (**b**)

Vorteile der indirekten Methode

- Eine Signalverstärkung, da mehrere Sekundärantikörper an einen Primäranti-körper binden können.
- Viele verschiedene Antigene können mit nur einem Sekundärantikörper lokali-siert werden. Eine breite Palette markierter Sekundärantikörper ist relativ preis-wert über den Handel zu beziehen. Markierte Primärantikörper dagegen sind häufig nicht kommerziell erhältlich.

## 3.2  Wahl von Primär- und Sekundärantikörper

**Primärantikörper**  Die Tierart, aus der der Primärantikörper stammt, darf nicht identisch sein mit der Tierart, von der das zu markierende Gewebe stammt. Wenn zum Beispiel Mauszellen mit einem Primärantikörper aus Maus immunmarkiert werden sollen, wird der Sekundärantikörper Anti-Maus IgG an die endogenen IgG des Präparats binden und damit einen starken, unspezifischen Hintergrund verursachen.

**Sekundärantikörper**  Damit eine optimale Bindung erreicht wird, muss der Sekundärantikörper passend zum Primärantikörper ausgewählt werden:

- Der Sekundärantikörper muss gegen die Spezies gerichtet sein, in der der Pri-märantikörper produziert wurde.
- Bei einem polyklonalen Primärantikörper (Hauptbestandteil IgG) muss der Se-kundärantikörper anti-IgG sein.
- Bei einem monoklonalen Primärantikörper einer IgG-Unterklasse kann der Se-kundärantikörper gegen diese Unterklasse gerichtet oder anti-IgG (Fab) sein.
- Bei einem monoklonalen Primärantikörper der IgM-Klasse kann der Sekundär-antikörper anti-IgM oder anti-IgG (Fab) sein.

## 3.3  Indirekte Immunmarkierung über Protein A

Protein A ist eine Zellwandkomponente von *Staphylococcus aureus*. Da es an etliche Ig-Klassen und -Unterklassen verschiedenster Arten bindet, kann man es an Stelle eines Sekundärantikörpers einsetzen.

Protein A-Gold eignet sich sehr gut für elektronenmikroskopische Anwendungen (vorausgesetzt, es bindet an den Primärantikörper). Im Vergleich zur indirekten Immunmarkierung mit Sekundärantikörpern ergeben sich bei der Methode folgende Vorteile:

- Mit nur einem Reagenz können Antikörper verschiedener Spezies nachgewiesen werden.
- Protein A bindet 1:1 an den Primärantikörper. Dies erlaubt quantitative Nachweise.
- Mit unterschiedlichen Goldgrößen markiertes Protein A kann sehr einfach für Mehrfachmarkierungen eingesetzt werden, selbst wenn die Primärantikörper aus derselben Art stammen.
- Bei Verwendung von Protein A wird keine Signalverstärkung erreicht wie bei der Verwendung von Sekundärantikörper.

## 3.4  Lokalisation mehrerer Antigene

In einem Präparat kann man gleichzeitig oder in aufeinanderfolgenden Schritten mehrere verschiedene Antigene markieren (Abb. 3.2)

Am einfachsten verwendet man dazu die direkte Immunmarkierung und verwendet unterschiedlich (z. B. mit unterschiedlichen Fluorochromen oder unterschiedlich großen Goldpartikeln) markierte Antikörper. Auch die Protein-A-Gold-Technik kann eingesetzt werden.

Verwendet man indirekte Immunmarkierungen, dürfen keine Kreuzreaktionen der Antikörper untereinander oder mit dem jeweils anderen Antigen auftreten. Derartige Mehrfachmarkierungen gelingen z. B., wenn die Sekundärantikörper aus derselben Spezies stammen (und sich damit nicht gegenseitig erkennen) oder wenn Fab-Fragmente als Sekundärantikörper eingesetzt werden. Darüber hinaus sollten die Sekundärantikörper gegen Immunglobuline der Spezies präadsorbiert sein, aus denen die jeweils anderen Primärantikörper stammen.

Für die Immunelektronenmikroskopie sind Zweifachmarkierungen durch indirekte Immunmarkierung an Ultradünnschnitten auch mit Standardprotokollen möglich, wenn man unbefilmte Grids für die Schnitte verwendet. Man kann dann durch Auflegen auf Tropfen die Immunmarkierungen für jede Seite der Schnitte separat durchführen.

**Abb. 3.2** Mehrfachfluoreszenzmarkierung und DAPI-Färbung (Kerne, *blau*). 4-Kanal-Aufnahme im CLSM (Leica SP5) von *Drosophila melanogaster* (Larve). Rot: alle Neurone (Cy3), Grün: Zielneurone (Alexa 488), Grau: Nuclei der Neurone (Alexa 594). Präparat: Dr. Christoph Melcher, Forschungszentrum Karlsruhe. Aufnahme: Ulf Schwarz, Leica Microsystems

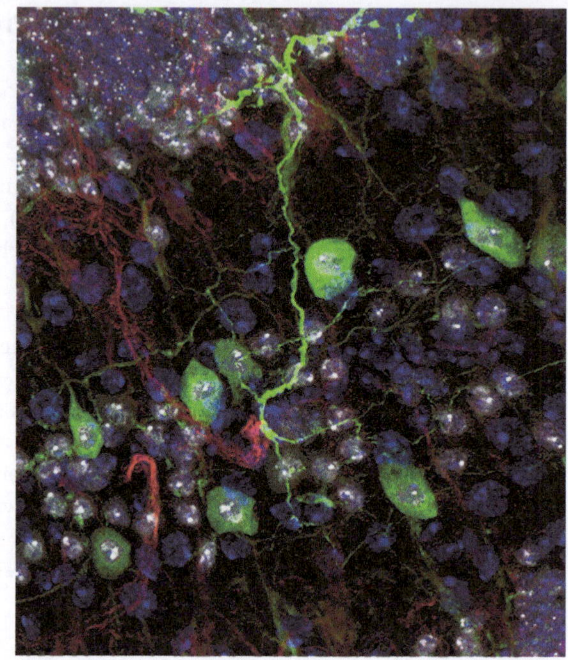

Ausführlichere Informationen zu Mehrfachimmunmarkierungen sind z. B. bei Van der Loos (1999) oder Antikörperanbietern (z. B. DAKO) zu erhalten.

## 3.5 Detektion

Die Detektion der Immunmarkierung erfolgt über Markersubstanzen (Tab. 3.1). Als Marker werden Fluorochrome (Fluoreszenzfarbstoffe), Enzyme oder Goldpartikel eingesetzt.

### 3.5.1 Fluorochromgekoppelte Antikörper

Fluoreszenznachweise sind sehr empfindlich und gut nachweisbar im Fluoreszenzmikroskop. Mit einen konfokalen Laser-Scanning-Mikroskop sind die Fluoreszenzsignale zudem sehr genau bestimmten Strukturen zuzuordnen und dreidimensional darzustellen. Fluorochromgekoppelte Antikörper werden bevorzugt

**Tab. 3.1** Ausgewählte Detektionssysteme

| Detektionssystem | Vorteile | Nachteile |
| --- | --- | --- |
| Fluoreszenzmarkierung | Schnell lichtmikroskopisch detektierbar, einfach verwendbar in der Konfokalmikroskopie Möglichkeit von Mehrfachmarkierungen | Schnelles Ausbleichen mögliche Störung durch Autofluoreszenzen |
| Alkalische Phosphatase | Sehr sensitiv unempfindlich gegen Inhibitoren breite Auswahl an Substraten | Eingeschränkte Pufferverträglichkeit |
| Meerrettich-Peroxidase | Sehr sensitiv klein (gute Penetration) anwendbar für Licht- und Elektronenmikroskopie breite Auswahl an Substraten | Empfindlich gegen Sauerstoff, Natriumazid, u. a. Hintergrund durch endogene Peroxidasen |
| Biotin | Erlaubt Detektion sehr kleiner Antigenmengen | Mehrere Schritte notwendig |
| kolloidales Gold | Mit Silberverstärkung verwendbar für Licht- und Elektronenmikroskopie Mehrfachmarkierungen möglich | Weniger sensitiv stärkere Hintergrundmarkierung |

für zellbiologische Fragestellungen eingesetzt. Verbreitete Fluorochrome für die Immunfluoreszenz sind in Tab. 3.2 aufgeführt. Für die Kopplung von Antikörpern mit Fluorochromen stehen von verschiedenen Firmen Kits zur Verfügung, zum Beispiel das Alexa Fluor Protein Labeling Kit, das Alexa Fluor Monoklonal Labeling Kit and das Zenon IgG Antibody Labeling Kit (Molecular Probes).

Für Mehrfachmarkierungen werden die verschiedenen Antikörper mit Fluorochromen gekoppelt, die jeweils in unterschiedlichen, nicht überlappenden Wellenlängenbereichen angeregt werden und Licht unterschiedlicher Wellenlängen emittieren. Damit können Kolokalisationen von Antigenen insbesondere im CLSM sehr gut dargestellt werden.

Problematisch, zumindest beim Einsatz konventioneller Epifluoreszenzmikroskopie, sind Fluoreszenzmarkierungen in Geweben, die Substanzen mit starker Eigenfluoreszenz enthalten (Abb. 3.3).

Die Eigenfluoreszenzen können die Spektren der Fluorochrome überlagern und die Lokalisation erschweren oder verhindern. In einem solchen Fall sollte man auf ein Fluorochrom ausweichen, das in einem anderen Wellenlängenbereich Licht emittiert. Wenn das nicht möglich ist, kann versucht werden, die Eigenfluoreszenz zu verhindern oder zu vermindern. Alternativ bieten sich andere Markersysteme an, wie z. B. Gold mit Silberverstärkung.

**Tab. 3.2** Gängige Fluorochrome für Immunfluoreszenzmarkierungen

| Bezeichnung | Absorptions-maximum | Emissionsma-ximum | Besonderheiten | Anwendung |
|---|---|---|---|---|
| Alexa-Fluoro-chrome | Verschiedene | | Fotostabil und leuchtintensiv geringer Hintergrund | Immunfluores-zenzmarkierungen |
| AMCA (Amino-methylcoumarin) | 350 nm | 450 nm | Geringe Über-lappung mit Spektren anderer Fluorochrome | Mehrfachmarkie-rungen (für den Nachweis des am stärksten expri-mierten Antigens) |
| Cy3 (Indocarbo-cyanin) | 547 nm | 561 nm | Fotostabil und leuchtintensiv geringer Hintergrund 100-fach stärker als FITC | TRITC-Filtersatz verwenden |
| Cy5 (Indodicar-bocyanin) | 647 | 665 nm | Fotostabil und leuchtintensiv geringer Hintergrund minimale Überlappung zu anderen Fluorochromen | Vor allem für Mehrfachmarkie-rungen Anregung durch eine Hg-Dampf-lampe, Xenon-lampe oder einen Krypton/ Argon-laser, Verwendung eines Infrarotfilters im Fluoreszenzmi-kroskop |
| FITC (Fluore-scein-lsothiocya-nat) | 495 nm | 519 nm | Nicht sehr fotostabil | Einfach- und Doppelmarkie-rungen in der Immunfluoreszenz und Durchfluss-cytometrie |
| DTAF (Dichlor-triazinylamino-Fluorescein) | 492 nm | 520 nm | Fotostabiler als FITC | Bei Mehrfachmar-kierungen für den Nachweis des stär-ker exprimierten Antigens nutzen |
| TRITC (Tetra-methylrhodami-ne-isotiocyanat) | 550 | 572 | | Für Doppel-markierungen in Kombination mit FITC geeignet |

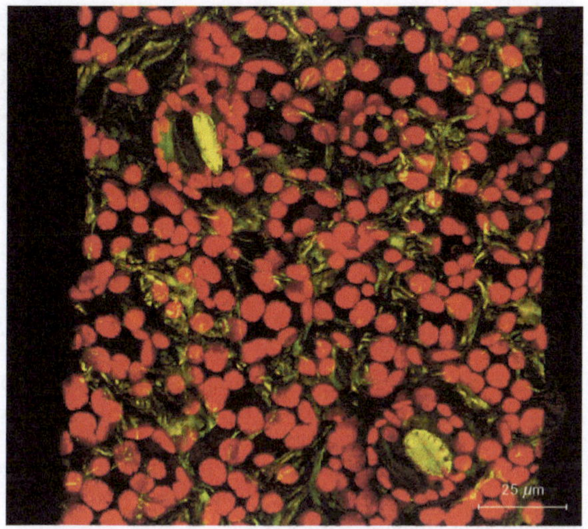

**Abb. 3.3** Autofluoreszenz von Chloroplasten (*rot*) und Wandmaterial (*gelb-grün*) in einem lebenden Blatt. 3-D-Rekonstruktion aus einem z-Stapel von 2-Kanal-CLSM-Aufnahmen (Leica SP5)

Da Fluoreszenzfarbstoffe sehr schnell ausbleichen, sollten die Präparate zur Betrachtung in ein Medium eingebettet werden, das *anti fading*-Agenzien enthält. Derartige Einbettmittel werden kommerziell angeboten, können aber auch einfach selbst hergestellt werden (siehe z. B. Romeis, 18. Auflage, 2010). Außerdem müssen fluoreszenzmarkierte Präparate lichtgeschützt aufbewahrt werden.

## 3.5.2 Enzymgekoppelte Antikörper

Enzymgekoppelte Antikörper sind nicht direkt sichtbar, sondern werden in einem weiteren Schritt durch Umsetzung eines geeigneten Substrats unter Bildung eines farbigen, unlöslichen Endproduktes am Ort der Antikörper-Bindung sichtbar gemacht. Da das Verfahren sehr empfindlich ist und die Markierung auch über längere Zeit stabil bleibt, werden enzymgekoppelte Antikörper häufig für die Immunhistologie verwendet.

Wichtig für den Erfolg der Enzymreaktion ist die Einhaltung der optimalen Inkubationsbedingungen (Zeit, Temperatur, pH, Puffer, Substratkonzentration). Ebenso wichtig ist es, darauf zu achten, dass eventuell im Gewebe natürlich vorhandene Enzyme deaktiviert werden, um falsch-positive Signale auszuschließen.

Am meisten verbreitet als Marker sind Meerrettich-Peroxidase (*horseradish peroxidase* = HRP) und Alkalische Phosphatase (= AP) (A1).

Die HRP verwendet Wasserstoffperoxid als Substrat. Dieses wird vor der Immunmarkierung im Überschuss eingesetzt, um endogene Peroxidasen zu blockie-

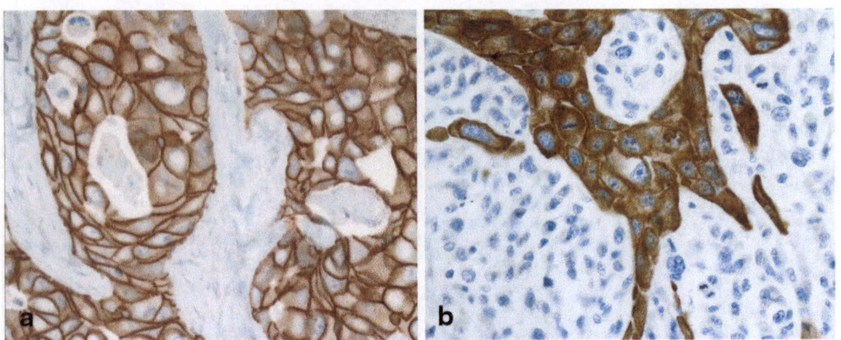

**Abb. 3.4** Immunhistochemische Färbungen (Chromogen: DAB) an Paraffinschnitten. a Mammakarzinomzellverband: atypische Epithelien mit vergrößerten Kernen (*blau*); Antikörper gegen einen karzinomeigenen zellmembranständigen Wachstumsfaktorrezeptor (*braun*). b Plattenepithelkarzinom der Lunge; Antikörper gegen Cytokeratin: die Karzinomzellen färben sich cytoplasmatisch braun (*blau*: Kerne). Aufnahmen: Dr. Bernd Feyerabend, Pathologisches Institut, UKSH, Kiel

ren. Nach der Antikörperbindung erfolgt die Umsetzung des Peroxids. Dabei wird der ebenfalls hinzu gegebene Farbstoff 3–3′-Diaminobenzidin-Tetrahydrochlorid (DAB) oxidiert. Es bildet sich ein dunkelbrauner, unlöslicher Niederschlag (Abb. 3.4), der durch Zusatz von Schwermetallsalzen (z. B. $NiSO_4$) schwarz gefärbt werden kann.

Die HRP kann für die Licht- und für die Elektronenmikroskopie eingesetzt werden. Wegen ihrer geringen Größe (Molekulargewicht: 40 kDa) dringt sie gut in Gewebe ein und ist daher besonders für *preembedding*-Verfahren geeignet. Die Markierung ist sensitiv und dauerhaft, kann aber auch Probleme bereiten:

- Peroxidase wird durch Sauerstoff, Hypochloridverbindungen und Natriumazid inaktiviert. Man sollte immer hochreines Wasser verwenden.
- Insbesondere Pflanzen-, aber auch einige tierische Zellen (z. B. Makrophagen) enthalten endogene Peroxidasen, die unspezifische Signale verursachen können.

Die Alkalische Phosphatasemarkierung ist ebenfalls sehr sensitiv und relativ unempfindlich gegen inhibitorische Einflüsse. Es können eine Vielzahl an Substraten verwendet werden. Für die Reaktion mit AP wird zumeist 5-Bromo-4-Chloro-Indolyl-Phosphat (BCIP) mit Nitro-Blau-Tetrazoliumsalz (NBT) verwendet. Es ergibt eine rötlich-braune Färbung. Mit TNBT (Tetra-Nitro-Blau-Tetrazolium) ergibt sich eine purpurne Färbung. Fast Red wird zu einem unter Grün-Anregung intensiv rot fluoreszierenden Reaktionsprodukt umgesetzt (Murdoch et al. 1990).

**Anleitung A1: Durchführung von Enzymreaktionen**

**Alkalische Phosphatase (AP)**

**Material:**

- Lösung A: 5 mg BCIP (Dinatriumsalz) gelöst in 100 µl N, N-Dimethylformamid
- Lösung B: 10 mg Tetranitroblau-Tetrazolium (TNBT) gelöst in 200 µl N, N-Dimethylformamid
- Lösung C: 30 ml 0,2 M Tris-HCl (pH 9,5) mit 10 mM $MgCl_2$ und 1 mM Levamisol
- Substratlösung: 100 µl Lösung A + 300 µl Lösung B + 30 ml Lösung C
- 10 ml-Spritze mit Sterilfilteraufsatz

**Durchführung:**

1. Frisch angesetzte Substratlösung in einer Spritze aufziehen und durch einen Sterilfilter auf die Präparate tropfen
2. unter mikroskopischer Kontrolle 10–30 min inkubieren (Violettfärbung)
3. Abstoppen durch mehrfaches Spülen in $H_2O$

Mit DAB, NBT, TNBT oder anderen organischen Substraten entwickelte Präparate werden anschließend 3 ⊚ für je 3 min in Methanol entwässert, 3 ⊚ 3 min in Xylol geklärt und daraufhin mit einem organischen Einbettmedium eingedeckt. Man erhält dadurch ein klareres und deutlicheres Bild der Markierung.

**Meerrettich-Peroxidase (HRP)**

**Material:**

- Lösung A: 50 mg Diaminobenzidin (DAB) in 100 ml PBS (0,1 M phosphate buffer saline, pH 7,4)
- Substratlösung: 33 µl 30 % $H_2O_2$ in 100 ml Lösung A, sorgfältig mischen

DAB kann auch als Stammlösung (50 mg/ml $H_2O$) angesetzt und aliquotiert eingefroren gelagert werden. Die Substratlösung darf erst kurz vor Gebrauch angesetzt werden. Sie ist aber mehrfach verwendbar und kann lichtgeschützt für 1–2 h aufbewahrt werden. Vorsicht: DAB ist karzinogen!

**Durchführung:**

1. Präparate 10 min in Substratlösung inkubieren
2. kurz mit PBS waschen
3. Färbung mikroskopisch kontrollieren (Dunkelbraun)
4. falls notwendig, ab Schritt 1 wiederholen
5. unter fließendem Leitungswasser spülen

Endogene Phosphatasen werden durch Zusatz von 1 mM Levamisol blockiert. Da als Markerenzym intestinale AP verwendet wird, und Levamisol alle alkalischen Phosphatasen außer der intestinalen hemmt, sind keine zusätzlichen Blockierungsschritte notwendig.

### 3.5.3  Goldmarkierte Antikörper und Silberverstärkung

Goldpartikel sind durch ihre klar abgegrenzte Form und Größe im Elektronenmikroskop sehr einfach zu erkennen und von anderen Strukturen zu unterscheiden. Daher wird kolloidales Gold insbesondere als Marker für die Immunelektronenmikroskopie eingesetzt. Verwendung finden insbesondere Goldpartikel von 10–20 nm Durchmesser. Je kleiner die Partikel sind, desto dichter und genauer ist die Markierung, da die kleinen Partikel sich sterisch weniger behindern und tiefer in Gewebe eindringen können. Sogenanntes „Nanogold" besteht aus 1,4 nm großen Goldclustern, die sich kovalent an viele Biomoleküle binden lassen. Sie können sogar an Fab-Fragmente gekoppelt werden, was mit größeren Goldpartikeln aus sterischen Gründen nicht möglich ist. Die Vorteile von mit Nanogold markierten Antikörpern sind offensichtlich: Sie sind stabiler, sie können leichter in Schnitte und Zellen eindringen, und sie bewirken eine dichtere Markierung (Hainfeld und Powell 2000). Damit sind sie insbesondere für *preembedding*-Verfahren geeignet.

Sehr kleine Goldpartikel sind aber selbst im Elektronenmikroskop kaum darzustellen. Sie werden daher mithilfe von Silber- oder Goldverstärkungstechniken nachträglich vergrößert (Abb. 3.5).

Die Silberverstärkung kann vor dem Einbetten und Schneiden der Proben für die Transmissionelektronenmikroskopie oder an Ultradünnschnitten durchgeführt werden. Nach unserer Erfahrung ergibt die Silberverstärkung an Schnitten gleichmäßigere Partikelgrößen und ist daher insbesondere für Mehrfachmarkierungen mit unterschiedlichen Goldpartikelgrößen geeignet.

In Kombination mit der Silberverstärkung ist die Immunogoldmarkierung ein sehr spezifisches und sensitives Verfahren auch für die Lichtmikroskopie. Zunächst erzeugt die Immunogoldmarkierung nur eine schwache Rotfärbung im Gewebe, die lichtmikroskopisch nur bei hohen Antigen- und Antikörperkonzentrationen erkennbar ist. Nach Silberverstärkung erscheinen markierte Bereiche schwarzbraun und heben sich normalen Durchlicht-Hellfeldverfahren deutlich von nicht markierten Bereichen ab. Die Sensitivität ist allerdings geringer und die Hintergrundmarkierung höher als bei Fluoreszenzmarkierungen.

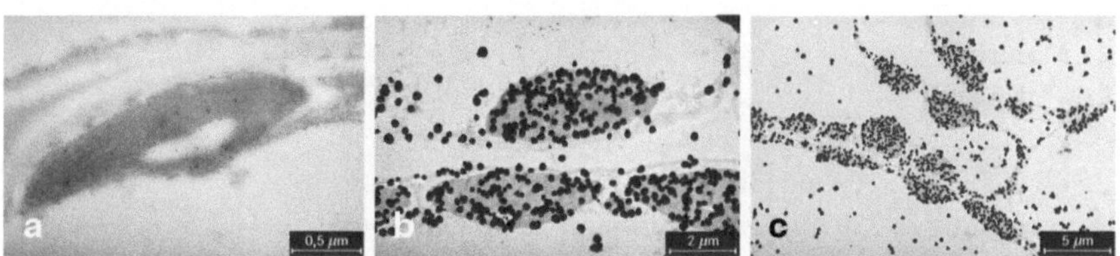


**Abb. 3.5** Indirekte Immunmarkierung an Ultradünnschnitten eines Gerstenblattes (LR White-Einbettung). Es wurde ein an 10 nm-Gold gekoppelter Sekundärantikörper verwendet. Durch die Silberverstärkung nehmen die Partikel (schwarze Kugeln) schnell zu. Hintergrundmarkierung (auf den Schnitt verteilt) und spezifische Bindungen (Akkumulation auf den grau erscheinenden Plastiden) werden mit wachsender Entwicklungszeit schwieriger zu unterscheiden **a** Ohne Silberverstärkung. **b** Nach 1 min. Silberverstärkung. **c** Nach 2 min. Silberverstärkung mit der gleichen Lösung wie in **b**

Kolloidales Gold in definierten und homogenen Partikelgrößen kann man kaufen, ebenso wie goldgekoppelte Antikörper. Es ist jedoch auch relativ einfach und preiswert herzustellen und meist problemlos an Proteine zu koppeln. Die Vorgehensweise sowie verschiedenste Anwendungen werden in einer Reihe von Büchern ausführlich beschrieben (z. B. Hayat 1989; Roth 1983).

Kits für die Silberverstärkungstechnik mit ausführlichen Anleitungen für licht- und elektronenmikroskopische Anwendungen sind im Handel (z. B. Aurion, BBInternational, Molecular Probes) erhältlich. Sie bestehen aus 2–3 Komponenten, die direkt vor der Behandlung gemischt werden. Die Lösungen können auch selbst hergestellt werden (A2).

### Anleitung A2: Silberverstärkung von Immunogoldmarkierungen für die Lichtmikroskopie

Um die Hintergrundmarkierung möglichst gering zu halten, muss vor der Verstärkung sorgfältig gewaschen werden (mindestens 6 Waschschritte mit reinem Wasser). Nach der Verstärkung werden die Objektträger am besten einzeln 1–2 min unter fließendem Leitungswasser gespült. Das optimale Ergebnis erhält man durch Beobachtung (im Lichtmikroskop). Zumeist sind mehrere Versuche mit unterschiedlichen Behandlungsdauern unter ansonsten exaktem Einhalten der Versuchsbedingungen notwendig.

**Material:**

- Küvette
- $H_2O$
- Lösung A: 100 mg Silberacetat in 50 ml A. dest.
- Lösung B: 250 mg Hydrochinon in 50 ml Citratpuffer, pH 3,8
- Citratpuffer, pH 3,8: 24 ml 15,5 % (w/v) Zitronensäure,
- 22 ml 23,5 % (w/v) Tri-Natrium-Citrat
- 50 ml $H_2O$
- Entwicklerlösung (frisch angesetzt): 1 Teil Lösung A + 1 Teil Lösung B
- Lösung A und B vorher auf Raumtemperatur bringen.
- fotografischer Fixierer (nach Herstellerangaben verdünnt)

Die Lösungen A und B sind bei 4 °C etwa 1 Woche haltbar.

**Durchführung:**

1. Objektträger mit Schnitten für 3 min in 1:1 mit $H_2O$ verdünnte Lösung B stellen
2. Objektträger mit Entwicklerlösung überschichten und für 15–20 min inkubieren
3. der Verlauf der Entwicklung soll lichtmikroskopisch kontrolliert werden: Die markierten Strukturen erscheinen zunächst bräunlich und werden dann schwarz
4. kurz in $H_2O$ waschen
5. Schnitte für 2–3 min in Fixierer stellen
6. unter fließendem Leitungswasser waschen
7. gegebenenfalls färben, entwässern und eindecken

## 3.6  Signalverstärkung

Wenn die Immunmarkierung mit Standardtechniken nur schwache Signale ergibt, kann man Verfahren zur Signalverstärkung einsetzen. Man sollte sich aber bewusst sein, dass derartige Verfahren auch unspezifische Hintergrundsignale verstärken. Es ist wichtig, jeden Schritt genau zu kontrollieren.

### 3.6.1  Die (Strept-)Avidin-Biotin-(ABC-)Technik

Avidin, ein Protein aus dem Hühnereiweiß, und Streptavidin, ein Protein aus *Streptomyces avidinii*, haben ähnliche Eigenschaften. Beide haben eine hohe Affinität für Biotin.

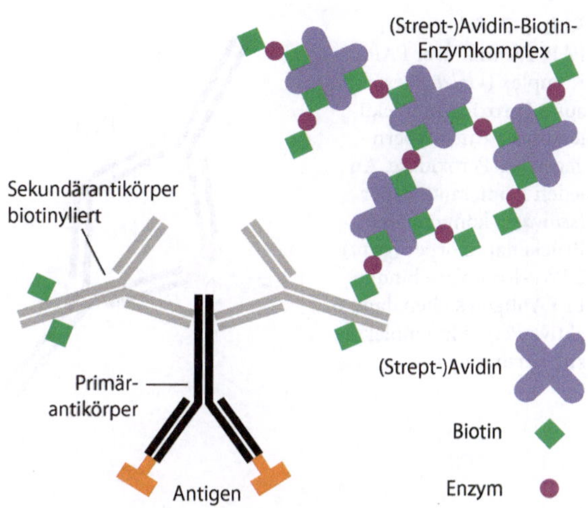


**Abb. 3.6** Schema der ABC-Technik

Für die Immunmarkierung wird ein biotinylierter Primärantikörper (direkte Immunmarkierung) oder Sekundärantikörper (indirekte Immunmarkierung) verwendet. Avidin oder Streptavidin werden mit einem biotinylierten Marker (Biotin-Enzym oder Biotin-Gold) gemischt und bilden mit diesem einen Komplex. Beide haben 4 Bindungsstellen für Biotin; tatsächlich können aber aus sterischen Gründen nur maximal 3 Biotinmoleküle an ein Avidin- oder Streptavidinmolekül binden. Der Komplex besteht aus sehr vielen markierten Biotinmolekülen, die durch mehrere (Strept-)Avidin-Biotinmoleküle zusammengehalten werden. Er wird nach der Antikörperinkubation auf das Präparat gegeben und bindet an den biotinylierten Antikörper (Abb. 3.6).

Im Vergleich zu einer „normalen" Immunmarkierung erhält man über (Strept-)Avidin-Biotin ein vielfach verstärktes Signal. Da die Methode so sensitiv ist, ist es möglich, auch geringe Antigenmengen im Präparat zu lokalisieren. Darüber hinaus kann man die Antikörperkonzentration stark herabsetzen und damit unspezifische Signale vermindern.

Obwohl Avidin und Streptavidin ähnliche Eigenschaften haben, wird Streptavidin in der Anwendung bevorzugt. Streptavidin ist sensitiver als Avidin und verursacht eine geringere unspezifische Hintergrundmarkierung. Im Gegensatz zu Avidin ist es nicht glykosyliert und interagiert daher nicht mit Lektinen oder anderen Kohlenhydrat bindenden Proteinen im Präparat.

Da Biotin als Vitamin and Coenzym in einer Vielzahl von Geweben (z. B. Leber, Niere, Hirn) vorkommt, muss dieses endogene Biotin vor der Markierung mit dem biotinylierten Antikörper durch eine Behandlung mit Biotin und (Strept-)Avidin geblockt werden.

**Abb. 3.7** Schema der PAP-Technik. Der PAP-Komplex (*violett*) besteht aus 3 Peroxidasemolekülen und 2 Antikörpern gegen die Peroxidase. An jeden Primärantikörper (*schwarz*) können über 2 Brückenantikörper (*grau*) 2 PAP-Komplexe binden. Pro Antigen stehen dann 6 aktive Peroxidasemoleküle zur Verfügung

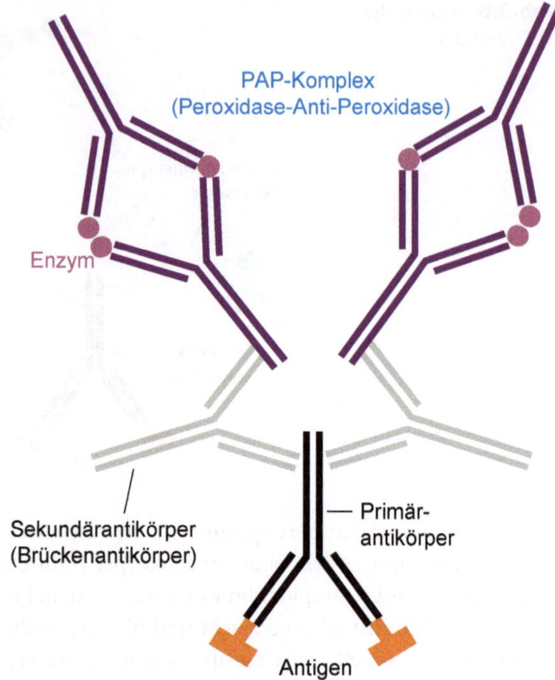


## 3.6.2  Enzym-Anti-Enzym-Komplex-Techniken

Nach 1) Inkubation mit Primär- und 2) Sekundärantikörper (= Brückenantikör-per), die beide nicht markiert sind, wird 3) mit einem Enzym-Anti-Enzym-Kom-plex behandelt. Unmarkierte Antikörper können in engerer Packung binden als markierte. Der Komplex enthält mehrere aktive Enzymmoleküle, die 4) das Subst-rat umsetzen. Dadurch wird die Markierung mehrfach verstärkt. Die erhöhte Sen-sitivität erlaubt es, geringe Mengen an Primärantikörpern einzusetzen; der Hinter-grund durch unspezifische Bindungen wird stark vermindert.

### 3.6.2.1  Peroxidase-Anti-Peroxidase(PAP)-Technik (Abb. 3.7)

Der Enzym-Anti-Enzym-Komplex besteht aus Anti-HRP-Antikörper von dersel-ben Spezies, von der der Primärantikörper stammt, und HRP. Da die Peroxidase mehrere Bindungsstellen für Antikörper hat, der Antikörper dagegen nur zwei für sein Antigen, bildet sich ein stabiler Komplex, in dem sich zwei Antikörper drei Peroxidasemoleküle teilen. Jedes Antigen wird somit durch mindestens drei aktive Peroxidasemoleküle markiert.

### 3.6.2.2 Alkalische Phosphatase-Anti-Alkalische Phosphatase(APAAP)-Technik

In ähnlicher Weise wie bei der PAP-Technik beschrieben kann ein Komplex aus Alkalische Phosphatase und Anti-Alkalische Phosphatase zur Signalverstärkung eingesetzt werden.

## 3.6.3 Tyraminkatalysierte Signalverstärkung

Diese Technik dient dazu, eine Peroxidase-Markierung zu verstärken. Vor der Enzymreaktion werden Tyramin und $H_2O_2$ auf das Präparat gegeben. Die Peroxidaseaktivität bewirkt, dass sich viele Tyraminmoleküle in enger Nachbarschaft zum Antigen im Präparat ablagern. Bei Verwendung von fluorochromgekoppeltem Tyramin ist das Produkt direkt sichtbar. Biotinyliertes Tyramin kann indirekt durch weitere Schritte (z. B. Inkubation mit Streptavidin-Peroxidase für die Lichtmikroskopie oder mit Streptavidin-Gold für die Elektronenmikroskopie) nachgewiesen und das Signal damit nochmals verstärkt werden. Kits für die tyraminkatalysierte Signalverstärkung sind kommerziell (z. B. bei DAKO) erhältlich.

# Vorbereitung und Behandlung der Proben

Immunmarkierungen können an Zellkulturen, ganzen Organismen (z. B. Protozoen, Nematoden), kleinen Gewebestücken oder dünnen Gewebeschnitten (Kryostatschnitte, Vibratomschnitte) durchgeführt und dann direkt betrachtet werden (*whole mount*-Immunmarkierung). Oder sie werden danach für die höher auflösende licht- oder die elektronenmikroskopische Untersuchung fixiert, eingebettet und geschnitten (*preembedding*-Technik). Alternativ erfolgt die Immunmarkierung erst am Ende des Präparationsganges an Schnitten des Paraffin- oder Kunststoff-eingebetteten Materials (Schnittmarkierung oder *postembedding*-Technik). Jede Technik hat, je nach Objekt und Fragestellung, bestimmte Vor- und Nachteile und erfordert eigene Präparationsschritte, die im Folgenden kurz zusammengefasst dargestellt werden.

## 4.1 Whole mount-Immunmarkierung und preembedding-Verfahren

Bei der *whole mount*-Immunmarkierung wirken die Antikörper auf intakte Zellen oder Gewebe ein. Dies ergibt meist keine Probleme, wenn extrazelluläre Strukturen oder Zelloberflächen markiert werden sollen. Da in diesem Fall oftmals an lebendem oder nur leicht anfixiertem Material gearbeitet wird, die Antigene also nicht durch eine Präparation zerstört oder verändert werden, herrschen optimale Bedingungen für eine Immunlokalisation.

Liegen die nachzuweisenden Antigene intrazellulär, müssen für diese Präparate Zellmembranen (und eventuell andere abdichtende Strukturen wie pflanzliche Zellwände) vor der Markierung durchlässig gemacht werden. Dazu dienen Behandlungen mit Detergenzien (z. B. 0,1 % Triton oder Tween 20), Lösungsmitteln, Enzymen oder wiederholtes Einfrieren und Auftauen. Gleichzeitig muss das Zellinnere durch Fixierung stabilisiert werden. Beide Schritte führen zu Qualitätsverlusten bei der

M. Mulisch, *Verfahren der Immunlokalisation*, essentials,
DOI 10.1007/978-3-658-03829-8_4, © Springer Fachmedien Wiesbaden 2014

Feinstruktur und – je nach Antigen – bei der Immunlokalisation. Für bestimmte Fragestellungen (z. B. Darstellung von Cytoskelettelementen in Einzelzellen oder in einzelligen Organismen) ist diese Methode dennoch sehr gut geeignet.

Von lipidreichen, schwer durchdringbaren Geweben, wie z. B. Gehirn oder Auge, die mit sanften Fixierungsgemischen nicht gut erhalten werden können, fertigt man zunächst (nach kurzem Anfixieren) Kryostat- oder Vibratomschnitte an. Nach der Immunmarkierung werden diese Schnitte mit Glutaraldehyd und $OsO_4$ fixiert, entwässert und für die Elektronenmikroskopie präpariert (siehe Romeis, 18. Auflage, 2010). Für derartige *preembedding*-Verfahren verwendet man am Besten Fab-Fragmente von Antikörpern und wählt Enzyme (AP oder HRP) oder sehr kleine Goldpartikel als Markersysteme, um das Eindringen in Zellen und Gewebe zu erleichtern.

*Whole mount*-Immunmarkierungen von kleinen Organismen oder Gewebestücken oder – schnitten sowie von Kulturzellen auf Deckgläsern können in Objektträgern mit Vertiefungen, kleinen Petrischalen oder *multiwell*-Platten durchgeführt werden. Die Gefäße sollten für kleine Volumina ausgelegt sein, um die Antikörper sparsam einsetzen zu können, und sie sollten einen durchsichtigen Boden besitzen, um eine direkte mikroskopische Kontrolle zu ermöglichen. Ein Deckel ist nicht unbedingt erforderlich, wenn man die Gefäße in einer feuchten Kammer platziert.

Für die histologische Aufarbeitung frei flotierender Schnitte empfiehlt sich besonders die Verwendung von Costar-Netwell; kleine siebförmige Behälter, die in *multiwell*-Platten eingebracht werden können. Vor allem bei Waschschritten ist der Einsatz von Costar-Netwell sehr effizient, da die Präparate nicht einzeln mit dem Pinsel, Glasstab oder feinem Metallhäkchen transportiert werden müssen.

Zur einfachen und schonenden Handhabung werden Suspensionszellen nach der Fixierung auf mit Polylysin beschichtete Deckgläser oder Objektträger adheriert. Die Objektträger sind wie bei der Schnittmarkierung zu behandeln.

## 4.2  Markierung an Schnitten

Immunlokalisationen in pflanzlichem und tierischem Gewebe erfolgen zumeist an Schnitten. Bei richtiger Vorbereitung der Präparate finden die Antikörper leichten Zugang zu den Antigenen. Von Vorteil ist auch, dass am selben Material Kontrollexperimente und Markierungen mit unterschiedlichen Antikörpern oder verschiedenen Antikörperverdünnungen parallel durchgeführt werden können. Nachteilig kann sich auswirken, dass Epitope durch Fixierung, Entwässerung und hohe Temperaturen verändert werden, so dass Antikörper nicht mehr binden.

### 4.2.1   Präparate für die Lichtmikroskopie

Geeignet für die Immunhistochemie sind insbesondere Kryostatschnitte von frischem oder fixiertem Gewebe, entwachste Schnitte von in Paraffin oder nach Steedman eingebettetem Material oder Schnitte von in Kunstharz (z. B. LR White, LR Gold, Technovit, Methylmethacrylat) eingebetteten Präparaten (siehe z. B. Romeis, 18. Auflage, 2010). Die Schnitte sollten nicht zu dick sein, um ein klares Bild zu erhalten.

Damit die Schnitte bei den Markierungsschritten nicht von den Objektträgern abschwimmen, verwendet man beschichtete Objektträger (silanisiert oder mit Polylysin beschichtet, z. B. Superfrost Plus-Objektträger), und lässt die Schnitte darauf bei 30–40 °C oder über Nacht bei Raumtemperatur fest antrocknen. Starkes Erhitzen auf einer Wärmeplatte kann die Antigenität zerstören.

Vorbereitungsmöglichkeiten von Objektträgern und biologischem Material für die Immunhistologie sind im Romeis (18. Auflage, 2010) ausführlicher beschrieben.

Objektträger mit Schnitten legt man am Besten auf Glas- oder Plastikstäbe, die auf dem Boden einer rechteckigen Feuchten Kammer (z. B. Gefrierdose) befestigt werden. Die Lösungen werden jeweils auf die Schnitte aufgetropft und abgenommen. Es ist zu empfehlen, die Schnitte vorher mit einem Fettstift (z. B. Pap-Pen, Sigma) zu umranden, damit die Tropfen auf dem Präparat gehalten werden. Zum schnellen Abziehen der Lösungen kann eine Wasserstrahlpumpe eingesetzt werden. Alternativ kippt man den Objektträger um 90° und lässt den Tropfen auf Papierhandtücher ablaufen (Achtung: nicht mit Papier absaugen, da hierbei das Präparat schnell trocken fallen kann). Werden viele Objektträger verwendet, kann man die Waschschritte in Küvetten durchführen.

### 4.2.2   Präparate für die Elektronenmikroskopie

Antigene sind lichtmikroskopisch zumeist besser detektierbar als elektronenmikroskopisch:

- Die Häufigkeit der Antigene im Ultradünnschnitt (nur die Schnittoberfläche wird markiert) ist wesentlich geringer als in Schnitten für die Lichtmikroskopie.
- Die stringenteren Fixierungsbedingungen maskieren viele Epitope.
- Durch Einbettungen in Kunstharz und die Ultradünnschnitttechnik gehen viele Antigene verloren.

Es ist sinnvoll, Fixierungs-, Einbettungs- und Markierungsprotokolle für die Immunoelektronenmikroskopie an lichtmikroskopischen Präparaten zu entwickeln. Nur wenn bei bestimmten Präparations- und Markierungsbedingungen im Lichtmikroskop ein spezifisches Signal beobachtet wird, besteht die Chance, das Antigen auch elektronenmikroskopisch zu lokalisieren. Häufig muss man einen Kompromiss finden zwischen ausreichender Ultrastrukturerhaltung und Antigenität. Fixierung und Einbettung von biologischem Material für die Immunzytologie sind im Romeis (Romeis, 18. Auflage, 2010) detailliert beschrieben.

Für die Immunlokalisation auf elektronenmikroskopischer Ebene sind insbesondere Präparate geeignet, die Struktur und Antigen erhaltend physikalisch oder chemisch fixiert wurden. Es werden zumeist Kryoschnitte oder Kunstharzschnitte verwendet. Die Einbettung in Kunstharz kann nach Gefriersubstitution, PLT in der Kälte oder konventionell bei Raumtemperatur erfolgen. Als Einbettmittel verwendet man häufig Harze, die bei niedrigen Temperaturen polymerisieren (z. B. Lowicryl, HM20). In Epoxid-eingebettetes Material muss vor der Markierung durch Behandlung mit z. B. Natrium- oder Kaliumethylat (siehe Romeis, 18. Auflage, 2010) frei gelegt werden.

Die Schnitte werden auf befilmte oder unbefilmte Gold- oder Nickel-Grids gezogen und normalerweise mit der Tröpfchenmethode markiert. Auf einer ebenen, sauberen Unterlage (z. B. einem Streifen Parafilm, der mit Hilfe von ein paar Tropfen Wasser glatt auf einem Tablett ausgebreitet wurde) platziert man Tropfen der Lösungen. Darauf legt man die Grids mit der Schnittseite nach unten und transferiert sie nach Protokoll von Tropfen zu Tropfen, ohne die Lösung zwischen den Schritten abzuziehen. Für die Antikörperlösungen verwendet man jeweils 2 Tropfen hintereinander, da die Konzentration im ersten Tropfen durch Restlösung auf dem Grid verringert wird. Am Ende wird jedes Grid einzeln durch mehrfaches Eintauchen in ein Becherglas mit sauberem Wasser gewaschen, nachkontrastiert und anschließend auf Filterpapier getrocknet.

## 4.3  Durchführung der Immunmarkierung

Immunmarkierungen sind einfach durchzuführen. Man sollte jedoch einige prinzipielle Regeln beachten:

- Die Präparate dürfen niemals trocken fallen. Daher alle Schritte in einer feuchten Kammer durchführen.
- Es ist vorteilhaft, für die Inkubationen und Waschschritte einen langsam rotierenden Schüttler einzusetzen.

- Alle verwendeten Gefäße und Materialien müssen sauber, staub- und fettfrei
  sein; wenn möglich, sollte auf Einmalmaterial zurückgegriffen werden. Werden
  Gefäße immer wieder für unterschiedliche Immunmarkierungen eingesetzt,
  sind anhaftende Proteine jedes Mal gründlich zu entfernen.

Der Präparationsgang für eine indirekte Immunmarkierung besteht schematisch
aus folgenden Schritten:

1. Fixierung und Permeabilisierung (bei whole mount-Präparaten)
   bzw. Fixierung, Einbettung, Anfertigung und Aufziehen von Schnitten (für
   die Schnittmarkierung)
2. Antigen-Demaskierung (optional)
3. Blockierung (mit entsprechend zusammengesetzten Blockpuffern)
   – endogener Enzyme (bei enzymmarkiertem Antikörper)
   – von Aldehydgruppen (optional)
   – von endogenem Biotin (optional bei der ABC-Methode)
   – von unspezifischen Bindungsstellen
4. Inkubation mit verdünntem Primärantikörper (z. B. 1 h bei Raumtemperatur)
5. Mehrfaches Waschen in Waschpuffer (z. B. 4 × 5 min)
6. Inkubation mit verdünntem und markiertem Sekundärantikörper (wie in 4.)
   – alternativ: Inkubation mit verdünntem und markiertem Protein A
7. Mehrfaches Waschen in Waschpuffer (z. B. 4 × 5 min)
8. Substratreaktion (bei enzymmarkiertem Antikörper)
9. Stoppen der Substratreaktion (bei enzymmarkiertem Antikörper)
10. Für lichtmikroskopische Präparate: Eindecken mit passendem Einbettmedium
    (eventuell vorher Entwässern)

Alle Schritte (Zeiten, Temperaturen, Konzentrationen, Puffer etc.) sind für verschiedene Antigene und Antikörper jeweils zu optimieren.

Bei gold- und fluoreszenzmarkierten Antikörpern entfallen die Schritte 8 und 9.

Für die direkte Immunmarkierung werden bei Schritt 4 markierte Antikörper
verwendet und die Schritte 5 und 6 weggelassen.

Signalverstärkungsreaktionen (ABC-, PAP-, APAAP-Technik) können zwischen Schritt 7 und 8 eingefügt und auch mehrfach wiederholt werden.

Automaten für Immunmarkierungen für die Lichtmikroskopie sind im Handel
erhältlich (z. B. bei Intavis). Sie erlauben einen großen Durchsatz von Präparaten
bei hoher Reproduzierbarkeit der Ergebnisse.

Immunmarkierungen können auch mit Hilfe der Mikrowellentechnologie
durchgeführt werden. Je nach Antigen sind damit bei sehr kurzen Inkubationszei-

ten gute Markierungen mit wenig Hintergrund zu erreichen (Giberson and Demaree 2001; Takes et al. 1989).

## 4.4 Blockierung unspezifischer Bindungen

Antikörper können auf Objektträgern oder Grids, auf Schnitten und im Gewebe unspezifisch binden und damit eine unerwünschte Hintergrundmarkierung verursachen. Die Hintergrundmarkierung kann verschiedene Ursachen haben: Adsorption an Oberflächen, Anlagerungen an hydrophobe oder geladene Bereiche im Gewebe, Bindung an Fc-Rezeptoren, unspezifische Wechselwirkungen zwischen Antikörpern und Proteinen sowie freie Aldehydgruppen im Gewebe.

Zur Minimierung der Hintergrundmarkierung werden vor der Immunmarkierung Blockierlösungen eingesetzt, deren Komponenten die unspezifischen Bindungen der Antikörper vermindern bzw. verhindern sollen.

1. Zur Inaktivierung von Resten der Fixierlösung (Aldehyden) wird zunächst mit niedermolekularen Substanzen (Aminosäuren wie Glycin, Lysin) oder NaBH4 oder $NH_2OH$ blockiert. Dies ist insbesondere bei Verwendung von Glutaraldehyd als Fixativ notwendig.
2. Direkt vor der Immunmarkierung blockiert man mit hochmolekularen Proteinen oder Proteinmischungen (Serum), um hydrophobe Bereiche und Regionen mit besonders vielen positiven Ladungen abzudecken.
3. Während der Antikörperinkubation und der Waschschritte verhindert man durch Zugabe von Proteinen in den Inkubationspuffer unspezifische Bindungen der Antikörper.

Meist verwendet werden preiswerte Proteine wie Rinderserumalbumin (BSA), Casein, Magermilchpulver, Fischgelatine oder Serum aus Rind oder Pferd, die einzeln oder gemischt im Waschpuffer gelöst werden. Sie vermindern insbesondere Hintergrundmarkierungen, die durch hydrophobe Wechselwirkungen verursacht werden. Casein formt negativ geladene Micellen, die positiv geladene Bindungsstellen abdecken. Darüber hinaus kann der Zusatz von Detergens (0,05–0,1 % Triton, Tween 20 oder Saponin) unspezifische Markierungen reduzieren. Es wird vermutet, dass dadurch Fc-Rezeptoren aufgelöst werden. Eine Zusammenstellung gängiger Blockierlösungen findet sich im Romeis, 18. Auflage, 2010. Fertige Blockierlösungen sind überdies im Handel (z. B. bei Aurion, Candor) erhältlich.

Der Sekundärantikörper kann mit endogenen Immunglobulinen im Präparat kreuzreagieren. Bei der indirekten Immunmarkierung blockiert man daher optimal mit Serum (Normalserum) aus der Tierart, von der der Sekundärantikörper stammt. Das Blockieren mit Normalserum vor der Inkubation mit Primärantikörper verhindert ebenfalls, dass Primär- und Sekundärantikörper an Fc-Rezeptoren binden. Niemals darf Serum oder Ig aus der Tierart verwendet werden, in der der Primärantikörper produziert wurde. Bei Verwendung von Protein A anstelle des Sekundärantikörpers darf nicht mit Serum blockiert werden, da Protein A an IgG im Serum bindet.

Konzentration und Zusammensetzung der Blockierlösung sowie die Behandlungsdauer und -temperatur müssen an das jeweilige Markierungsexperiment angepasst und optimiert werden. In Routineapplikationen für Licht- und Elektronenmikroskopie genügen häufig 3–10 % gepuffertem BSA oder Magermilchpulver, in denen die Präparate für 1 h bei Raumtemperatur oder über Nacht bei 4 °C inkubiert werden. Die Blockierlösung darf auf keinen Fall auf dem Gewebe oder den Schnitten antrocknen.

## 4.5  Inkubation mit Antikörpern

### 4.5.1  Handhabung und Verdünnung von Antikörpern

Antikörper sollten niemals wiederholt eingefroren und aufgetaut werden. Am besten ist es daher, wenn man sie nach Erhalt unter Sterilbedingungen in kleine Mengen aufteilt und nach Angabe des Herstellers lagert. Viele Antikörper können längere Zeit im Kühlschrank aufbewahrt werden. Falls eine Lagerung bei −20 °C vorgesehen ist, sollte schnell (in flüssigem Stickstoff) heruntergekühlt und eingefroren werden. Alternativ empfiehlt es sich, den Antikörper 1:1 mit Glycerin zu versetzen, damit er bei tiefen Lagertemperaturen nicht gefriert.

Anhaltspunkte für die zu verwendende Verdünnung für die Immunmarkierung ergeben die Beipackzettel der Hersteller. Monoklonale Antikörper werden in Konzentrationen zwischen 1–10 µg/ml eingesetzt; polyklonale Antiseren können zumeist 1:10–1:500 verdünnt werden. Für jede Anwendung muss die Antikörperkonzentration jedoch zunächst durch Konzentrationsreihen optimiert werden. Eine zu hohe Konzentration kann die Ursache von unspezifischer Hintergrundmarkierung sein. Darüber hinaus bewirkt sie Wechselwirkungen zwischen den IgG-Molekülen sowie sterische Behinderungen an den Epitopen, was zu einer Verminderung der spezifischen Markierung führt. Zu niedrige Antikörperkonzentrationen resultieren in einer zu schwachen Markierung. Für eine gute Markierung ist es wichtig, zunächst die Antikörperkonzentration optimal einzustellen und erst dann eventuell verbleibende Hintergrundmarkierung durch Blockieren zu vermindern.

Die Antikörper werden in neutraler, steril filtrierter Pufferlösung unter Zusatz von BSA oder anderen blockierenden Substanzen verdünnt. Zumeist wird 0,1 M

PBS (*phosphate buffer saline*, pH 7,4) oder 0,1 M TBS (*tris buffer saline*, pH 7,4) verwendet. BSA belegt unspezifische Bindungsstellen und soll verhindern, dass Antikörper an den Gefäßwandungen „kleben". Sollen verdünnte Antikörper aufbewahrt werden, kann man zur besseren Haltbarkeit 0,1 % Natriumazid hinzusetzen. Dies gilt nicht für Enzym-markierte Antikörper, da Natriumazid Enzymreaktionen hemmt. Na-Azid kann darüber hinaus zu Präzipitaten führen, die im Transmissionselektronenmikroskop sichtbar sind. Fluorochrommarkierte Antikörper dürfen nicht verdünnt aufbewahrt werden, da sich dann das Fluorochrom vom Antikörper lösen kann.

### 4.5.2  Inkubationsdauer und Temperatur

Nach Standardrezepten für Immunmarkierungen werden die Präparate im Primär- wie auch im Sekundärantikörper für 1 h bei Raumtemperatur inkubiert. Eine Inkubation bei 37 °C kann die Inkubationszeiten verkürzen. Für ein optimales Ergebnis lässt man den Primärantikörper über Nacht bei 4 °C einwirken. Antikörper mit niedrigem Titer oder niedriger Affinität haben dann genügend Zeit, ihre Bindungsstellen zu finden, während unspezifische Wechselwirkungen durch die niedrige Temperatur vermindert werden. Diese Effekte werden noch verstärkt, wenn die Inkubation unter leichter Bewegung (Schüttler) stattfindet.

## 4.6  Waschschritte

Durch das Waschen soll nicht spezifisch gebundener Antikörper aus dem Gewebe und der Umgebung entfernt werden. Dazu dienen 4–6 Waschschritte von je 3–10 min mit jeweils frischer Lösung. Übermäßig lange Waschzeiten können zu einer Signalverminderung führen und sind daher zu vermeiden.

Zum Waschen wird 0,1 M PBS oder TBS, pH 7,2–8,5 verwendet. Mit TBS wird der Hintergrund zumeist reduziert. Tween 20 oder Triton X 100 (0,05–0,1 %) im Waschpuffer vermindern die Oberflächenspannung, so dass die Reagenzien das Präparat gleichmäßiger bedecken und leichter eindringen können. BSA im Waschpuffer verringert unspezifische Bindungen.

## 4.7  Beispielhafte Rezepte für Immunmarkierungen

Ausführliche Anleitungen zu Immunmarkierungen liefern die Anbieter von Antikörpern (Amersham, Dianova, BBI, etc.).

**Anleitung A3: Indirekte Immunfluoreszenzmarkierung an adherenten Zellkulturen**

Lösungen:

- PBS, pH 7,4
- Permeabilisierungslösung: 0,2 % (v/v) Triton X-100 in PBS
- Fixierlösung: 2 % (w/v) Formaldehyd (aus Paraformaldehyd) in PBS
- Blockierlösung: PBS mit 5 % (v/v) Normalserum aus Ziege und 2 % (w/v) BSA
- Einbettmedium: 90 % (v/v) Glycerin in PBS

Durchführung:

1. Kulturzellen auf Deckgläsern anziehen
2. Zellen mit Fixierlösung für 5 min bei Raumtemperatur fixieren
3. 3 ◎ 5 min mit PBS waschen
4. Zellen 5—10 min auf Eis mit Permeabilisierungslösung behandeln
5. mit Blockierlösung 1 h bei Raumtemperatur inkubieren
6. mit Primärantikörper (verdünnt in Blockierlösung) für 1 h bei Raumtemperatur inkubieren
7. Zellen 3 ◎ 5 min in Blockierlösung waschen
8. mit fluoreszenzmarkiertem Sekundärantikörper (verdünnt in Blockierlösung) für 1 h bei Raumtemperatur inkubieren
9. waschen für 3 ◎ 5 min in PBS
10. eindecken mit Einbettmedium
11. die Schritte 2–4 können durch eine Fixierung in –20 °C kaltem Aceton oder Methanol für 10—20 min ersetzt werden.


**Anleitung A4: Whole mount-Immunmarkierung von Neuronen auf Deckgläschen mit Biotin-Avidin-Verstärkung und Peroxidase-Nachweis**
**Die Neuronen sollten auf beschichteten Deckgläsern (z. B. Superfrost Plus, Menzel) kultiviert sein, um eine bessere Haftung während der Markierungsschritte zu gewährleisten.**

Material:

- PBS, pH 7,2
- Fixierungslösung: 4 % (w/v) Formaldehyd, 4 % (w/v) Saccharose in PBS
- Glycinlösung: 0,1 M Glycin in PBS

- Triton-X-100 Lösung: 0,2 % (v/v) Triton X-100 in PBS
- 3 % (v/v) $H_2O_2$
- BSA/PBST: 1 % (w/v) BSA, 0,1 % (v/v) Tween 20 in PBS
- Primärantikörper
- Biotinylierter Sekundärantikörper
- Avidin-Peroxidase
- AEC-(3-Amino-9-Ethylcarbazol)-Stammlösung: 20 mg AEC in 2,5 ml Dimethylformamid auflösen (Vorsicht giftig!). Lagerung bei 4 °C
- Acetatpuffer: 50 mM Na-Acetat, pH 5,0
- Substratmischung: 100 µl AEC Stammlösung + 1,9 ml Acetatpuffer + 10 µl 3 % $H_2O_2$
- Einbettmedium: 90 % (v/v) Glycerin/10 % (v/v) PBS
- feuchte Kammer

Durchführung:

1. Deckglas mit Neuronen auf ein Stück Parafilm legen (Zellen nach oben) und kurz mit einem Tropfen PBS waschen
2. 20 min mit 50 µl Fixierungslösung bedecken
3. 5 ⊚ 2 min mit PBS waschen
4. 20 min mit Glycinlösung inkubieren (zum Blockieren von Aldehyd-gruppen)
5. 1 ⊚ mit PBS waschen
6. 5 min mit Triton X-100-Lösung behandeln (zum Permeabilisieren)
7. 1 ⊚ mit PBS waschen
8. 5 min mit 3 % (v/v) $H_2O_2$ behandeln
9. 1 ⊚ mit PBS waschen
10. 5 ⊚ 2 min mit BSA/PBST waschen
11. Primärantikörper in BSA/PBST verdünnen (nach Herstelleranga-ben). Jeweils 50 µl pro Deckgläschen auftragen und in einer feuchten Kammer 1 h bei Raumtemperatur einwirken lassen
12. 5 ⊚ 2 min mit jeweils 50 µl BSA/PBST waschen
13. biotinylierten Sekundärantikörper in BSA/PBST verdünnen (nach Herstellerangaben). Jeweils 50 µl pro Deckgläschen auftragen und in einer feuchten Kammer 30 min bei Raumtemperatur einwirken las-sen
14. 5 ⊚ 2 min mit BSA/PBST waschen
15. Avidin-Peroxidase Lösung in BSA/PBST verdünnen (nach Herstel-lerangaben). Jeweils 50 µl pro Deckgläschen auftragen und in einer feuchten Kammer 30 min bei Raumtemperatur einwirken lassen

16. 5 ⊚ 2 min in PBS waschen. Gleichzeitig Substratmischung vorberei-
    ten
17. 5–10 min mit 50 µl der Substratmischung inkubieren
18. Reaktion durch mehrmaliges Waschen mit $H_2O$ stoppen
19. einbetten

**Anleitung A5: Indirekte Immunogoldmarkierung für Ultradünnschnitte von LR White- oder Unicryl-eingebetteten Präparaten**
Lösungen:
- Primärantikörper und goldmarkierter Sekundärantikörper
- Blockierpuffer und Verdünnungspuffer für Antikörper: TBS mit 5 % Serum (aus dem Tier, von dem der Sekundärantikörper stammt), 0,3 % (w/v) BSA (Fraktion V) und 0,05 % (v/v) Tween 20
- Waschpuffer: TBS mit 0,1 % (v/v) Tween 20

Durchführung:
1. Mit Blockierpuffer 60 min (bei Raumtemperatur) inkubieren
2. mit Primärantikörper in Verdünnungspuffer über Nacht bei 4 °C inkubieren (optimale Verdünnung durch Verdünnungsreihe 1:10—1:1.000
   feststellen)
3. 4 ⊚ 5 min in Waschpuffer waschen
4. 1 ⊚ 5 min in Blockierpuffer waschen
5. mit Gold-gekoppeltem Sekundärantikörper in Verdünnungspuffer (Verdünnung nach Herstellerangaben) 60 min bei Raumtemperatur inkubieren
6. Schritt 3 wiederholen
7. optional: 5 min in 1 % Glutaraldehyd fixieren
8. mehrfach mit $H_2O$ spülen,
   - dafür am Besten jedes Grid einzeln 10—20 ⊚ in ein wassergefülltes Becherglas tauchen
9. nachkontrastieren und Trocknen

# Kontrollen und Problembehandlung 5

Tissue-Prints (Romeis, 18. Auflage, 2010) sowie Dot-Spot-Verfahren helfen dabei, den Einfluss der Präparationsschritte und der Inkubationsbedingungen auf die Markierbarkeit der Antigene zu überprüfen (van de Plas 2006). Die Membran mit dem Print oder aufgetragenem Zellextrakt wird dann unterschiedlichen Fixierungsbedingungen, Blockierungen oder Antikörperinkubationen ausgesetzt.

Falsch-positive Signale lassen sich durch sorgfältige Kontrollen ausschließen. Bei indirekten Methoden sollte zum Vergleich z. B. stets mindestens ein Präparat mitgeführt werden, bei dem in Präimmunserum oder nur in Sekundärantikörper inkubiert wird. Bei Verwendung eines Brückenantikörpers sollte man beide, den Primär- und den Brückenantikörper, zur Kontrolle weglassen. Darüber hinaus kann das Antikörperserum gegen homologe und heterologe Antigene präadsorbiert werden.

Eine Positivkontrolle kann sinnvoll sein, wenn unklar ist, ob ein fehlendes Signal auf einen mangelhaften Primärantikörper oder auf den Verlust oder die Veränderung des Antigens bei der Präparation zurück zu führen ist: Man verwendet dazu einen bewährten Antikörper, der an ein Epitop mit bekannter Lokalisation im Gewebe bindet. Wenn die beobachtete Markierung mit einem Antikörper zweifelhaft ist, hilft eine Negativkontrolle bei der Fehlersuche: Man wählt dazu einen Antikörper gegen ein Epitop, das nicht im untersuchten Gewebe vorkommt. Bei manchen Untersuchungen ist es auch möglich, das Antigen im Gewebe vor der Immunmarkierung z. B. enzymatisch zu zerstören.

Aus einer Vielzahl von Gründen kann es zu einer zu schwachen oder unspezifischen Markierung kommen. Häufige Fehlerquellen und mögliche Abhilfen sind in Tab. 5.1 zusammengefasst.

M. Mulisch, *Verfahren der Immunlokalisation*, essentials,     39
DOI 10.1007/978-3-658-03829-8_5, © Springer Fachmedien Wiesbaden 2014

**Tab. 5.1**  Probleme und Fehlerquellen

Keine oder nur geringe Markierung

| Ursache | Abhilfe |
| --- | --- |
| Paraffinschnitte: Schnitte nicht ausreichend entparaffiniert | Längere Zeiten beim Entparaffinieren wählen |
| Kryostatschnitte: Einbettmedium nicht ausreichend entfernt | Kryostatschnitte vor der Markierung 15 min in Waschpuffer waschen |
| Primärer Antikörper bindet nicht | Antikörper ersetzen |
| Sekundärer Antikörper bindet nicht | Sekundärer Antikörper falsch gewählt (muss gegen IgG der Art gerichtet sein, in der der 1. Antikörper produziert wurde) sekundärer Antikörper nicht mehr intakt, daher ersetzen |
| Antikörperkonzentration zu niedrig | Konzentration des primären oder des sekundären Antikörpers erhöhen |
| Inkubationszeit für primären oder sekundären Antikörper zu kurz | Inkubationszeit verlängern Die Inkubation bei 4 °C über Nacht ergibt häufig ein optimales Ergebnis |
| Falsche oder nicht ausreichende Fixierung (Verlust des Antigens) | Andere Fixierung wählen Fixierungszeit verlängern |
| Zu starke Fixierung z. B. durch Glutaraldehyd | Fixierungszeit verkürzen Glutaraldehyd durch Formaldehyd ersetzen Antigendemaskierung versuchen |
| Antikörper dringen nicht ein (bei dicken Kryoschnitten, *whole mount*-Markierungen) | mit Detergenzien (0,1–0,5 % Tween 20 oder Saponin) vorbehandeln mit Aceton oder Methanol vorbehandeln Material kurz einfrieren und wieder auftauen |
| Zu niedrige Antigenkonzentration | Sensitivität durch Verstärkungsreaktionen (ABC, PAP) erhöhen |
| Antigen durch $H_2O_2$ (Peroxidase-Blockierung) zerstört | Phosphatasegekoppelte Antikörper wählen |
| Lösungen für Enzymreaktion nicht in Ordnung | Frische Substratlösung ansetzen neue Reagenzien einsetzen |
| Inkubationszeit für Enzymreaktion zu kurz | Inkubationszeit verlängern |
| Falsches Eindeckmedium (Reaktionsprodukt löst sich) | Passendes Eindeckmedium verwenden |
| Schritte im Protokoll in falscher Reihenfolge oder Schritte vergessen | Protokoll und Notizen sorgfältig überprüfen |
| Zu hohe Antikörperkonzentration | Antikörperkonzentrationen durch Konzentrationsreihen optimieren |
| Zu lange Antikörper-Inkubationsdauer | Inkubationsdauer reduzieren |
| Zu hohe Antikörper-Inkubationstemperatur | Inkubationstemperatur reduzieren |

**Tab. 5.1** (Fortsetzung)

| Keine oder nur geringe Markierung | |
| --- | --- |
| Ursache | Abhilfe |
| Zu lange Substrat-Inkubationsdauer | Substrat-Inkubationsdauer reduzieren |
| Schnitte sind während der Inkubation ausgetrocknet | Schnitte immer feucht halten |
| Starker Hintergrund | |

| Ursache | Abhilfe |
| --- | --- |
| Präparate nicht ausreichend gewaschen | zwischen den Inkubationsschritten mindestens 3 waschen<br>Detergens zum Waschpuffer geben |
| Gewebe enthält endogene Peroxidase oder Phosphatase | Endogene Peroxidaseaktivität mit $H_2O_2$ blocken<br>Endogene Phosphataseaktivität durch Levamisol blocken |
| Gewebe enthält endogenes Biotin | Endogenes Biotin durch Biotin- und Avidinvorbehandlung blocken |
| Unspezifische Wechselwirkungen des Primärantikörpers mit Gewebekomponenten | Primärantikörper: stärker verdünnen, bei 4 °C über Nacht inkubieren, in Blockierpuffer verdünnen<br>Waschpuffer: Detergens zusetzen, NaCl-Konzentration erhöhen (auf 2,5 %), pH-Wert auf 9 oder 10 erhöhen<br>Konzentration der Blockierlösung erhöhen |
| Bindung des Primärantikörpers an antigenähnliche Moleküle im Gewebe | Polyklonaler Antikörper: Affinitätsreinigung<br>monoklonaler Antikörper: anderen Antikörper herstellen |
| Unspezifische Bindungen des Sekundärantikörpers an Gewebekomponenten | Mit Serum der gleichen Art blockieren, aus der der Sekundärantikörper stammt oder affinitätsgereinigten oder präadsobierten Antikörper verwenden |
| Ungenügende Fixierung (Antigen verändert seine Lage im Gewebe) | Dauer der Fixierung verlängern |
| Aldehyde im Gewebe durch Fixierung mit Glutaraldehyd oder Formaldehyd | Präparat mit Na-Borhydrid behandeln oder 50 mM Ammoniumchlorid zur Blockierlösung hinzufügen |

## 5.1 Antigendemaskierung

Fixierung, Dehydrierung und Einbettung können Epitope der Antigene derart verändern, dass Antikörper sie nicht mehr erkennen können. So ergeben Immunmarkierungen an formaldehydfixiertem und paraffineingebettetem Material häufig nur schwache oder keine Signale. Formaldehyd fixiert Proteine durch Bildung inter- und intramolekularer Methylenbrücken, die die Konformation mancher Antigene so verändern, dass die Epitope nicht mehr zugänglich sind. Auch die Fixierung mit Glutaraldehyd oder, in noch viel größerem Ausmaß, mit Osmiumtetroxid kann zu einem starken oder vollständigen Verlust der Antigenität führen. Die hohen Polymerisationstemperaturen und die dichte Vernetzung und Wasserundurchlässigkeit vieler Kunstharze (insbesondere Epoxidharze) führen ebenfalls dazu, dass viele Antikörper an Schnitten derartiger Präparate nicht mehr binden. Da es in der Praxis eines Routinelabors schwierig sein kann, wegen einzelner, problematischer Antigene die Präparate erneut und für diese optimal zu fixieren und einzubetten, wurden eine Reihe von Behandlungsmethoden von Schnittpräparaten für Licht- und Elektronenmikroskopie entwickelt. Sie können die Antigenität der Proben wieder herstellen, indem sie den Antikörpern Zugang zu den Epitopen ermöglichen, z. B. indem sie den dichten Kunstharzmantel um die Antigene auflockern, Bindungsstellen für die Antikörper von anhaftenden Proteinen oder anderen maskierenden Substanzen befreien, oder indem sie die dreidimensionale Struktur des Antigens verändern (es renaturieren oder denaturieren), um Epitope aus dem Inneren des Moleküls an der Oberfläche zu exponieren.

### 5.1.1  Wiederherstellung der Antigenität von Schnittpräparaten für die Lichtmikroskopie nach Fixierung in Formaldehyd und nach Paraffineinbettung

Die meisten Verfahren zur Antigendemaskierung in der Immunhistochemie beruhen auf der Anwendung von Hitze (Mikrowelle, Wasserbad oder Dampftopf) und alkalischen oder sauren Lösungen auf die entparaffinierten Schnitte. Alternativ kann oftmals auch eine Proteinasebehandlung die Antigenität wieder herstellen. Die Behandlung sollte so schonend wie möglich durchgeführt werden, damit die Morphologie der Gewebe und auch die Antigene selbst nicht geschädigt oder zerstört werden. Je nach Antigen müssen möglicherweise verschiedene Behandlungen (mit Variationen von Konzentration und pH der Lösung sowie Dauer der Behandlung) ausprobiert werden, um eine gute Immunmarkierung zu erreichen. Fertige Lösungen zur Antigendemaskierung sind z. B. als Target Retrieval Solution mit unterschiedlichem pH bei DAKO erhältlich. Weitere Anleitungen zur Antigendemaskierung findet man ebenfalls bei DAKO.

Für alle Behandlungen müssen die Schnitte auf beschichtete (z. B. Superfrost Plus, Menzel) Objektträger aufgezogen werden und gut angetrocknet sein (über Nacht im Wärmeschrank bei 37 °C), um sich durch die Behandlung nicht abzulösen. Paraffinschnitte werden dann zunächst entparaffiniert und rehydriert.

## 5.1.2  Antigendemaskierung für die Immunelektronenmikroskopie

Prinzipiell können die gleichen Verfahren wie für die Lichtmikroskopie angewendet werden. Die Präparate sind allerdings sehr viel empfindlicher als lichtmikroskopische Präparate. Gasblasenbildung beim Erhitzen der Lösungen führt zu starken Schäden, ebenso wie zu lange Behandlungszeiten. Für die Schnitte sollten Gold- oder Nickel-Grids verwendet werden.

**Anleitung A6: Antigendemaskierung durch Inkubation mit Protease**
Material:

- 0,1 g Protease (Schweinetrypsin, das Chymotrypsin enthält, z. B. DIFCO 125)
- Waschpuffer: 100 ml TBS, pH 7,2
- Färbeküvette
- Wasserbad 37 °C

Durchführung:

1. 0,1 g Protease in 100 ml Waschpuffer lösen
2. in der Küvette für 5–10 min im Wasserbad vorwärmen
3. Objektträger mit Schnitten einsetzen
4. bei 37 °C für 10–20 min inkubieren
5. Objektträger bis zur Immunmarkierung in Waschpuffer (RT) stellen

**Bei Verwendung der teureren Protease XXIV wird der Verdau in Tropfen auf dem Präparat durchgeführt.**
Material:

- Protease XXIV (Sigma P80038)
- PBS (im Wasserbad auf 37 °C vorgewärmt), pH 7,2
- PAP-Pen (Sigma)
- feuchte Kammer

Durchführung:

6. Schnitte mit PAP-Pen umrunden, kurz antrocknen lassen
7. 5 % (w/v) Protease in warmem PBS frisch ansetzen
8. Tropfen auf Objektträger in feuchter Kammer geben
9. bei 37 °C im Wärmeschrank 1–10 min inkubieren
10. mit Leitungswasser abspülen

**Anleitung A7: Antigendemaskierung durch Erhitzen in Citratpuffer im Wasserbad**

Material:

- 10 mM Na-Citratpuffer (am häufigsten wird pH 6 verwendet. Aber auch pH 9 oder pH 12 können wirksam sein)
- Wasserbad
- Färbegestell und Färbekasten

Durchführung:

1. Wasserbad auf 95 °C erhitzen
2. Na-Citratpuffer in Färbekasten (aus Glas) füllen und im Wasserbad auf 95 °C erhitzen
3. Objektträger mit entparaffinierten Schnitten im Färbegestell in die heiße Citratpufferlösung stellen
4. für 10–40 min darin stehen lassen
5. Färbekasten mit Objektträgern im Puffer aus dem Wasserbad nehmen und unter fließendem Leitungswasser abkühlen lassen (auf 50 °C oder weniger)
6. Achtung: Objektträger nicht aus heißem Puffer nehmen: die Oberfläche trocknet, dies verursacht Schäden am Präparat!
7. Objektträger einzeln in $H_2O$ für 3 min waschen
8. Blockierung und Immunmarkierung

# Literaturliste

## Originalartikel


Bendayan M (1995) Colloidal gold post-embedding immunocytochemistry. Prog Histochem Cytochem 29(4):1–159

Greenberg AS, Avila D, Hughes M, Hughes A, McKinney EC, Flajnik MF (1995) A new antigen receptor gene family that undergoes rearrangement and extensive somatic diversification in sharks. Nature (Lond) 374:168–173

Hamers-Casterman C, Atarhouch T, Muyldermans S, Robinson G, Hamers C, Songa EB, Bendahman N, Hamers R (1993) Naturally occurring antibodies devoid of light chains. Nature 363(6428):446–448

Hainfeld JF, Powell RD (2000) New frontiers in gold labeling. J Histochem Cytochem 48:471–480

Maxwell MH (1978) Two rapid and simple methods used for removal of resins from 1.0 µm thick epoxy sections. J Microsc 112:253–255

Murdoch A, Jenkinson EJ, Johnson GD, Owen JJT (1990) Alkaline phosphatase-Fast Red, a new fluorescent label. Application in double labelling for cell surface antigen and cell cycle analysis. J Immunol Methods 132:45–49

Nicholis H (2007) Nanobodies: the ultrasmall antibodies. New Sci 196(2624):50

Robinson JM TT, Vandré DD (2000) Enhanced labeling efficiency using ultrasmall immunogold probes: Immunocytochemistry. J Histochem Cytochem 48:487–492

Stirling JW (1990) Immuno- and affinity probes for electron microscopy: A review of labeling and preparation techniques. J Histochem Cytochem 38:145–157

Sukhanova A, Even-Desrumeaux K, Kisserli A, Tabary T, Reveil B, Millot J-M, Chames P, Baty D, Artemyev M, Oleinikov V, Pluot M, Cohen JHM, Nabiev I (2012) Oriented conjugates of single-domain antibodies and quantum dots: toward a new generation of ultrasmall diagnostic nanoprobes. Nanomedicine 8(4):516–525

Takes PA KJ, Krug R, Kewley S (1989) Microwave technology in immunohistochemistry: application to avidin-biotin staining of diverse antigens. J Histotech 12:95–98

Tokuyasu KT (1986) Application of cryoultramicrotomy to immunocytochemistry. J Microsc 143:139–149

Van dePlasPEFM (2006) The Dot-Spot Test. A simple method to monitor immunoreagent activity and influence of fixation on antigen recognition. AURION Technical Support: Newsletter 4 2006-2



M. Mulisch, *Verfahren der Immunlokalisation*, essentials,
DOI 10.1007/978-3-658-03829-8, © Springer Fachmedien Wiesbaden 2014

Vidal S, Lombardero M, Sánchez P, Román A, Moya L (1995) An easy method of the removal of Epon resin from semi-thin sections. Application on the avidin-biotin technique. Histochem J 27:204–209

Yamashita S, Okada Y (2005) Mechanisms of heat-induced antigen retrieval: analyses in vitro employing SDS-Page and immunohistochemistry. J Histochem Cytochem 53:13–21

## Zusammenfassende Literatur


Amersham Biosciences: Antibody Purification, Handbook 18:1037–1046

Brooks SA, Leathem AJC, Schumacher U (1997) Lectin Histochemistry. A concise practical handbook. BIOS Scientific Publishers Limited, Oxford

Buchwalow IB, Böcker W (Hrsg) (2010) Immunohistochemistry: basics and methods. Springer

Caponi L, Migliorini P (1999) Antibody Usage in the Lab. Lab Manual. Springer, Berlin

Chamow S, Ashkenazi A (Hrsg) (1999) Antibody fusion proteins. Wiley, New York

Gagnon P (1996) Purification tools for monoclonal antibodies. Validated Biosystems, Inc., Tucson

Giberson RT, Demaree RS Jr (Hrsg) (2001) Microwave techniques and protocols. Humana Press, Totowa, New Jersey

Griffiths G (1993) Fine Structure Immunocytochemistry. Springer, Heidelberg

Griffiths G, Burke B, Lucocq J (2012) Fine Structure Immunocytochemistry, reprint of the original 1st ed. 1993. Springer

Hayat MA (Hrsg) (1989) Colloidal gold – Principles, Methods, and Applications. Academic Press

Hayat MA (Hrsg) (1995) Immunogold-Silver Staining: Principles, Methods, and Applications. CRC Press

Harlow E, Lane D (Hrsg) (1998) Using antibodies: a laboratory manual. Cold Spring Harbor Laboratory Press, New York

Hermanson GT, Mallia AK, Smith PK (1992) Immobilized affinity ligand techniques. Academic Press, Inc., San Diego

Kalyuzhny AE (Hrsg) (2011) Signal transduction immunohistochemistry. Methods and protocols. Series: methods in molecular biology, Bd 717. Humana Press

Mulisch M, Welsch U (Hrsg) (2010) Romeis – Mikroskopische Technik. 18. Aufl. Springer Spektrum

Oliver C, Jamur MC (Hrsg) (2010) Immunocytochemical methods and protocols. Methods in Molecular Biology, Bd 588. Humana Press

Raem AM, Rauch P (Hrsg) (2006) Immunoassays. Spektrum Akademischer Verlag

Roth J (1983) The Colloidal Gold Marker Systems for Light and Electron Microscopic Cytochemistry. In: Bullock G, Petrisz P (Hrsg) Techniques in Immunocytochemistry 2. Academic Press, London, New York, Paris

Roth J, Warhol MJ (1992) Immunogold silver staining techniques for high resolution immunohistochemistry in clinical materials. In: Bullock GR, Van Elzen D, Warhol MJ, Herbrink P (Hrsg) Techniques in diagnostic pathology. Academic Press

Schwartzbach SD, Osafune T (Hrsg) (2010) Immunoelectron microscopy. Methods and protocols. Series: Methods in Molecular Biology, Bd 657. Humana Press
Subramanian G (Hrsg) (2005) Antibodies. Volume 1: Production and Purification. Springer
Van der Loos CM (1999) Immunoenzyme multiple staining methods. Bios Scientific Publishers, Oxford
downloads: www.chromatography.amershambiosciences.com